枯萎病紫红
皱缩病株

茎枯病病株

角斑病病叶

U0229845

1

棉铃黑果病

棉铃黑果病

棉铃红粉病

2

棉铃红腐病

棉苗红腐病

棉铃软腐病

3

棉铃炭疽病

棉铃炭疽病

棉铃疫病

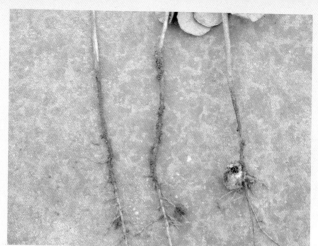

猝倒病病根

猝倒病病株

褐斑病病叶

立枯病病株

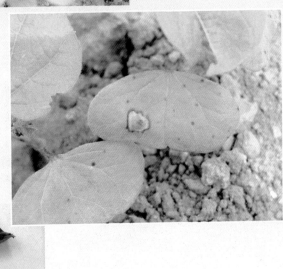

轮纹斑病病叶

炭疽病病株

6

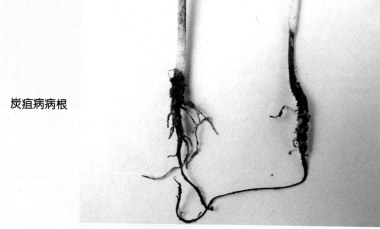

炭疽病病根

棉苗疫病

曲叶病叶片症状
（广西农科院植
保所蔡健和研究
员提供）

曲叶病叶片症状
（广西农科院植
保所蔡健和研究
员提供）

早衰植株症状

早衰叶片症状

8

斑须蝽卵和若虫

斑须蝽成虫

扶桑绵粉蚧雌性
成虫（中国科学
院动物研究所张
润志研究员提供）

9

扶桑绵粉蚧乱囊和
初孵若虫（中国科
学院动物研究所张
润志研究员提供）

扶桑绵粉蚧为害大铃
（中国科学院动物研究
所张润志研究员提供）

扶桑绵粉蚧为害
叶片（中国科学
院动物研究所张
润志研究员提供）

10

棉盲蝽为害顶叶

棉盲蝽为害
生长点

棉盲蝽为害导
致"破叶疯"

棉盲蝽为害导致
"多头苗"（江
苏省大丰植保站
陈华提供）

产在植物组织
中的棉盲蝽卵

苜蓿盲蝽成虫

12

苜蓿盲蝽若虫

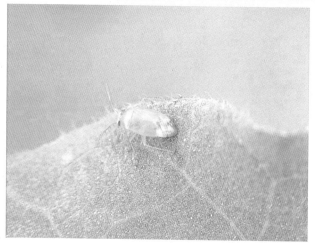

绿盲蝽成虫

绿盲蝽若虫

13

黄伊缘蝽

牧草盲蝽成虫

牧草盲蝽若虫

14

中黑盲蝽成虫

中黑盲蝽若虫

三点盲蝽成虫

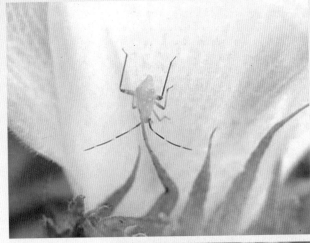

三点盲蝽若虫

棉铃虫幼虫
为害蕾

棉铃虫幼虫
为害花

棉铃虫成虫

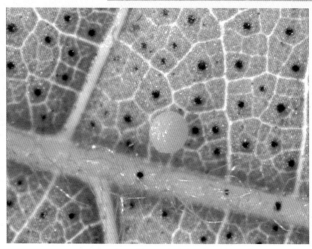

棉铃虫卵

红铃虫成虫（湖北农科院植保所万鹏博士提供）

棉叶螨（湖北
农科院植保所
万鹏博士提供）

棉叶螨为害叶片
（背面观）

棉叶螨为害叶片
（正面观）

18

棉大卷叶螟
幼虫为害状

棉大卷叶螟成虫
（扬州大学杨益
众教授提供）

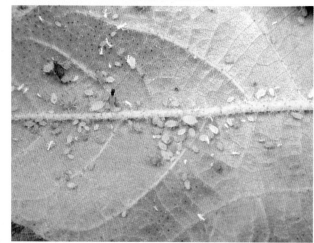

棉　蚜

19

棉蚜（湖北农科院植保所万鹏博士提供）

棉蚜田间为害状

棉蚜为害导致顶叶卷曲

棉黑蚜（新疆农
科院植保所李号
宾研究员提供）

棉长管蚜（新疆
农科院植保所李
号宾研究员提供）

棉叶蝉

21

烟粉虱若虫

烟粉虱成虫

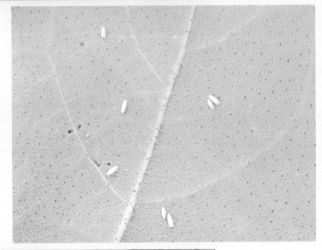

玉米螟幼虫田
间为害状（江
苏省东台植保
站荀贤玉提供）

22

玉米螟成虫（中国农科院植保所白树雄博士提供）

金龟子卵（河北农科院植保所潘文亮研究员提供）

金龟子

蛴螬

小地老虎幼虫

小地老虎成虫

24

斜纹夜蛾幼虫
田间为害状（江
苏省大丰植保
站陈华提供）

斜纹夜蛾成虫

甜菜夜蛾幼虫
为害叶片（河
北农业大学李
瑞军教授提供）

25

甜菜夜蛾成虫

棉尖象

双斑莹叶甲（陕西省植保站刘延虹研究员提供）

26

美洲斑潜蝇
为害叶片

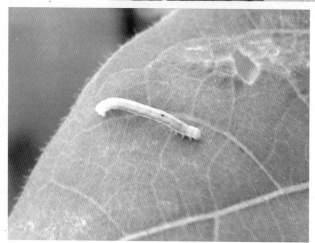

棉造桥虫（江苏
省通州植保站羌
烨提供）

棉 蓟 马

27

蝼蛄（中国农业
科学院植物保护
研究所李克斌博
士提供）

蜗牛（湖北农科
院植保所万鹏博
士提供）

蜗牛（江苏农科
院植保所肖留斌
提供）

28

食蚜蝇幼虫

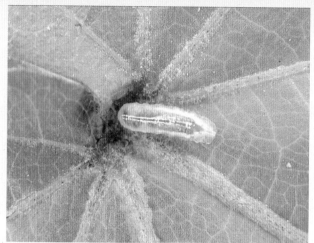

小花蝽若虫

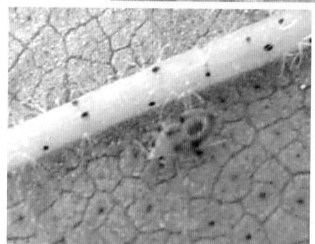

大眼长蝽蝽

29

中红侧沟
茧蜂成虫

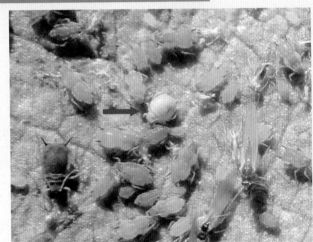

棉蚜僵蚜

异色瓢虫成虫

异色瓢虫成虫

异色瓢虫成虫

异色瓢虫成虫

异色瓢虫成虫
（河南农科院
植保所封洪强
博士提供）

多异瓢虫

龟纹瓢虫成虫
（龟纹型）

龟纹瓢虫成虫
（二斑型）

龟纹瓢虫成虫
（四斑型）

七星瓢虫成虫

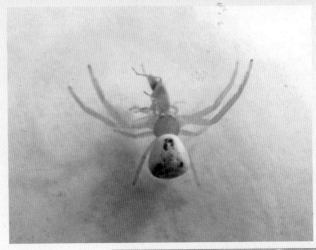

三突花蛛

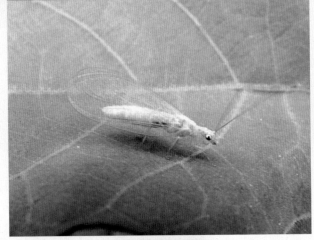

草蛉成虫

草蛉幼虫

34

侧纹褐蟹蛛
（河南农科院
植保所封洪强
博士提供）

稗（苗期）

稗（成株期）

35

马唐（苗期）

马唐（成株期）

牛筋草（苗期）

牛筋草（成株期）

狗尾草（苗期）

狗尾草（成株期）

37

芦苇（苗期）

芦苇（成株期）

大画眉草

虎尾草（苗期）

虎尾草（成株期）

香 附 子

通 泉 草

婆 婆 纳

龙葵（苗期）

40

龙葵（成株期）

苦蘵（苗期）

苦蘵（成株期）

田旋花

打碗花

苘麻（苗期）

42

苘麻（成株期）

野西瓜苗（苗期）

野西瓜苗
（成株期）

43

铁苋菜（苗期）

铁苋菜（成株期）

牛繁缕（苗期）

牛繁缕（成株期）

马齿苋

反枝苋（苗期）

45

反枝苋（成株期）

青　葙

藜（苗期）

46

藜（成株期）

灰绿藜（苗期）

灰绿藜（成株期）

47

萹蓄（苗期）

萹蓄（成株期）

酸模叶蓼

48

苍耳（苗期）

苍耳（成株期）

蒲 公 英

49

刺儿菜（苗期）

刺儿菜（成株期）

苣荬菜（苗期）

苣荬菜（成株期）

鳢肠（苗期）

鳢肠（成株期）

51

小飞蓬（苗期）

小飞蓬（成株期）

车前（苗期）

52

车前（成株期）

委 陵 菜

葎草（苗期）

53

葎草（成株期）

葎草（成株期）

问荆（营养茎）

54

问荆（孢子茎）

空心莲子草

2,4-D 药害

2,4-D 药害

草甘膦药害

百草枯药害

农作物病虫草害综合防治技术丛书

棉花病虫草害防治技术问答

编著者

陆宴辉　简桂良
李香菊　吴孔明

金盾出版社

内 容 提 要

本书以问答形式,对棉花生产过程中常见的病、虫、草害进行讲述。详细阐述了病原的特征、流行规律、危害特点,害虫的形态、发生规律、为害状以及杂草的发生情况和防除方法,最后是病虫草害综合防治技术。本书语言通俗、易懂,内容涵盖常见病虫种类,适合广大棉农参考使用。

图书在版编目(CIP)数据

棉花病虫草害防治技术问答/陆宴辉等编著 . -- 北京：金盾出版社,2011.7

(农作物病虫草害综合防治技术丛书/吴孔明主编)

ISBN 978-7-5082-6905-4

Ⅰ.①棉… Ⅱ.①陆… Ⅲ.①棉花—病虫害防治—问题解答②棉花—除草—问题解答 Ⅳ.①S435.62-44②S45-44

中国版本图书馆 CIP 数据核字(2011)第 044762 号

金盾出版社出版、总发行

北京太平路 5 号(地铁万寿路站往南)
邮政编码:100036 电话:68214039 83219215
传真:68276683 网址:www.jdcbs.cn
封面印刷:北京精美彩色印刷有限公司
彩页正文印刷:北京金盾印刷厂
装订:永胜装订厂
各地新华书店经销
开本:850×1168 1/32 印张:7 彩页:56 字数:93 千字
2011 年 7 月第 1 版第 1 次印刷
印数:1～10 000 册 定价:15.00 元

前　言

　　棉花是关系国家安全的重要战略性物资,棉花生产在我国国民经济发展过程中占有举足轻重的地位。病虫草害是影响棉花生产的关键性因素,一般年份造成 15%～20% 的产量损失,严重年份可达 30%～50%。

　　中国农业科学院植物保护研究所对棉花病虫草害的研究工作始于 20 世纪 50 年代,针对我国不同时期棉花生产中的主要病虫草害问题开展了系统深入的研究工作,并在预测预报技术、化学防治技术、综合防治技术和棉花抗性品种培育等方面取得了一系列重大研究成果,先后出版了《棉花病虫害及其防治》(1965)、《北方棉区棉虫的防治》(1966)、《棉花枯萎病和黄萎病的综合防治》(1983)、《棉花虫害防治新技术》(1991)、《棉花病害防治新技术》(1991)、《棉花病虫害综合防治技术》(1992)、《棉花害虫的抗药性及其防治技术》(1993)、《棉铃虫防治新技术》(1993)、《棉铃虫综合防治》(1995)、《棉铃虫的研究》(1998)、《棉花病虫害防治彩色图说》(1998)、《棉田农药应用技术》(1999)、《棉花枯萎病与黄萎病的研究》(2007)、《棉花盲椿象及其防治》(2008)、《棉花黄萎病枯萎病及其防治》(2009)、《棉花病虫害综合防治技术》(2010)等多部著作与技术手册,为促进我国棉花病虫草害科学研究和生产应用水平的提高发挥了重要作用。

　　近年来,受农业种植结构调整、全球贸易一体化、气候变暖和转基因抗虫棉种植等因素的影响,我国棉田病虫草害的发生危害规律发生了诸多变化,盲椿象、烟粉虱、黄萎病和阔叶杂草等上升成为棉花生产的主要问题。此外,棉花曲叶病和扶桑绵粉蚧等危险性病虫害传入我国,对棉花生产的可持续发展构成了新的威胁。基于我国棉花病虫害的新形势和新问题,我们编写了《棉花病虫草害防治技术问答》一书。本书以问答形式重点介绍了棉花主要传统病虫害和新入侵病虫害的种类或症状识别、发生规律与防治方法等知识,以帮助基层农业技术人员和棉农更好地控制棉花病虫草害的发生与危害。

国内多位同行专家为本书提供了大量精美图片,在此一并表示感谢。

限于编者水平有限,书中遗漏和不足之处,敬请读者指正。

吴孔明

目 录

一、概述 …………………………………………… (1)

  1. 我国有哪几大棉区？棉花种植情况如何？ …… (1)

  2. 我国转基因抗虫棉花的种植情况如何？ ……… (1)

  3. 棉田病害发生危害现状如何？ ……………… (2)

  4. 棉田虫害发生危害现状如何？ ……………… (2)

  5. 棉田草害发生危害现状如何？ ……………… (4)

二、棉花病害及防治 ……………………………… (5)

  1. 黄萎病的发生分布有哪些特点？ …………… (5)

  2. 黄萎病有哪些症状表现？ …………………… (5)

  3. 黄萎病有哪些侵染与传播途径？ …………… (6)

  4. 气候条件对黄萎病发生有哪些影响？ ……… (8)

  5. 何种棉田黄萎病发生比较严重？ …………… (8)

  6. 如何对黄萎病病区棉种进行消毒？ ………… (8)

  7. 如何消灭黄萎病零星病点？ ………………… (9)

  8. 对黄萎病零星病点如何进行土壤消毒？ …… (9)

  9. 如何控制黄萎病轻病区？ …………………… (10)

  10. 如何对黄萎病重病区进行防治？ ………… (10)

  11. 枯萎病的发生分布有哪些特点？ ………… (11)

  12. 枯萎病有哪些症状表现？ ………………… (12)

  13. 枯萎病有哪些侵染与传播途径？ ………… (14)

14. 气候条件对枯萎病发生有哪些影响？……… (15)

15. 何种棉田枯萎病发生比较严重？……… (16)

16. 如何防治棉田枯萎病？……… (16)

17. 棉花苗期有哪些主要病害？……… (16)

18. 苗期病害有哪些症状表现？……… (17)

19. 苗期病害有哪几种？……… (18)

20. 苗期病害有哪些侵染与传播途径？…… (20)

21. 气候条件对苗期病害发生有哪些影响？…… (21)

22. 如何通过农业措施防治苗期病害？…… (22)

23. 如何通过种子处理防治苗期病害？…… (24)

24. 如何对苗期病害进行化学防治？…… (25)

25. 棉铃病害主要有哪几种？……… (26)

26. 棉铃病害有哪些症状表现？……… (27)

27. 棉铃病害有哪些侵染途径？……… (29)

28. 棉铃病害有哪些季节性发生规律？……… (29)

29. 气候条件对棉铃病害发生有哪些影响？…… (30)

30. 棉花生育期对棉铃病害发生有哪些
影响？……… (30)

31. 如何通过农业措施防治棉铃病害？……… (31)

32. 如何对棉铃病害进行化学防治？……… (31)

33. 茎枯病的发生分布有哪些特点？……… (32)

34. 茎枯病有哪些症状表现？……… (32)

35. 茎枯病有哪些侵染与传播途径？……… (33)

36. 气候条件对茎枯病发生有哪些影响？……… (33)

37. 何种棉田茎枯病发生比较严重？ ……………（34）

38. 如何防治茎枯病？ ………………………………（34）

39. 早衰有哪些症状表现？ …………………………（35）

40. 气候条件对早衰发生有哪些影响？ …………（35）

41. 何种棉田早衰发生比较严重？ …………………（36）

42. 如何对早衰进行早期综合防控？ ……………（37）

43. 棉花曲叶病的发生分布有哪些特点？ ………（38）

44. 棉花曲叶病有哪些症状表现？ …………………（39）

45. 何种棉田棉花曲叶病发生比较严重？ ………（39）

46. 如何防控棉花曲叶病？ …………………………（39）

三、棉花虫害及防治 ………………………………（41）

1. 盲椿象有哪几种？ ……………………………（41）

2. 怎样识别盲椿象？ ……………………………（41）

3. 盲椿象怎样为害棉花？ ………………………（42）

4. 盲椿象喜好哪个生育期的植物？ ……………（43）

5. 盲椿象有哪些习性？ …………………………（44）

6. 盲椿象如何越冬？ ……………………………（44）

7. 长江流域棉区盲椿象有哪些季节性发生
规律？ ……………………………………（44）

8. 黄河流域棉区盲椿象有哪些季节性发生
规律？ ……………………………………（45）

9. 西北内陆棉区盲椿象有哪些季节性发生
规律？ ……………………………………（46）

10. 气候条件对盲椿象发生有哪些影响？ ………（47）

11. 何种棉田盲椿象发生比较严重？……………（48）

12. 盲椿象的防治应采取哪些策略？……………（48）

13. 如何压低盲椿象的越冬基数？………………（49）

14. 如何控制盲椿象的早春虫源？………………（49）

15. 如何通过作物布局减轻盲椿象为害？………（49）

16. 如何通过棉花生长管理减轻盲椿象
    为害？………………………………………（50）

17. 如何种植利用植物诱集盲椿象？……………（50）

18. 如何采用隐蔽施药法防治盲椿象？…………（51）

19. 如何对苗床中盲椿象进行熏杀防治？………（51）

20. 如何对盲椿象进行化学防治？………………（51）

21. 多雨季节防治盲椿象应注意什么？…………（52）

22. 棉花蚜虫有哪几种？如何识别？……………（52）

23. 棉蚜怎样为害棉花？…………………………（54）

24. 棉蚜有哪些寄主植物？………………………（55）

25. 棉蚜有哪几种生活史类型？…………………（55）

26. 棉蚜有哪几种繁殖方式？繁殖能力有
    多强？………………………………………（56）

27. 苗蚜、伏蚜有何区别？………………………（56）

28. 棉蚜有哪些季节性发生规律？………………（57）

29. 天敌昆虫对棉蚜有多大的控制作用？………（57）

30. 气候条件对棉蚜发生有哪些影响？…………（57）

31. 何种棉田棉蚜发生比较严重？………………（58）

32. 如何通过农业措施减轻棉蚜为害？…………（58）

33. 如何通过保护利用天敌控制棉蚜发生？ …… （58）

34. 哪些种子处理方法能够防治苗蚜？ ……… （58）

35. 怎样通过隐蔽施药来防治苗蚜？ ……… （59）

36. 如何对棉蚜进行化学防治？ ……………… （59）

37. 棉花叶螨有哪几种？如何识别？ ………… （60）

38. 棉叶螨怎样为害棉花？ …………………… （60）

39. 棉叶螨有哪些季节性发生规律？ ………… （60）

40. 气候条件对棉叶螨发生有哪些影响？ …… （61）

41. 何种棉田棉叶螨发生比较严重？ ………… （62）

42. 如何通过农业措施减轻棉叶螨为害？ …… （62）

43. 如何对棉叶螨进行化学防治？ …………… （62）

44. 如何识别烟粉虱？ ………………………… （63）

45. 烟粉虱如何为害棉花？ …………………… （63）

46. 烟粉虱有哪些习性？ ……………………… （63）

47. 烟粉虱有哪些季节性发生规律？ ………… （64）

48. 气候条件对烟粉虱发生有哪些影响？ …… （65）

49. 为何棉田烟粉虱为害日益严重？ ………… （65）

50. 如何控制烟粉虱的越冬虫源？ …………… （66）

51. 如何通过栽培管理减轻烟粉虱发生？ …… （66）

52. 如何对烟粉虱进行化学防治？ …………… （66）

53. 棉花蓟马有哪几种？如何识别？ ………… （67）

54. 棉蓟马怎样为害棉花？ …………………… （67）

55. 棉蓟马有哪些习性？ ……………………… （67）

56. 棉蓟马有哪些季节性发生规律？ ………… （68）

57. 如何通过农业措施控制棉蓟马发生？ ……… （69）

58. 如何对棉蓟马进行化学防治？ ……………… （69）

59. 棉花叶蝉有哪几种？如何识别？ …………… （70）

60. 棉叶蝉有哪些习性？ ………………………… （70）

61. 棉叶蝉有哪些季节性发生规律？ …………… （71）

62. 如何通过农业措施控制棉叶蝉发生？ ……… （71）

63. 如何对棉叶蝉进行化学防治？ ……………… （71）

64. 如何识别斑须蝽？ …………………………… （71）

65. 斑须蝽有哪些季节性发生规律？ …………… （72）

66. 如何防治斑须蝽？ …………………………… （73）

67. 如何识别黄伊缘蝽？ ………………………… （73）

68. 黄伊缘蝽有哪些习性？如何进行化学
    防治？ ………………………………………… （74）

69. 如何识别棉铃虫？ …………………………… （74）

70. 棉铃虫有哪些习性？ ………………………… （74）

71. 棉铃虫有哪些季节性发生规律？ …………… （75）

72. 气候条件对棉铃虫种群发生有多大
    影响？ ………………………………………… （76）

73. 转基因抗虫棉田棉铃虫防治有何注意
    事项？ ………………………………………… （77）

74. 如何通过农业措施减轻棉铃虫为害？ ……… （77）

75. 如何利用生物农药来防治棉铃虫？ ………… （77）

76. 如何对棉铃虫进行化学防治？ ……………… （78）

77. 怎样识别红铃虫？ …………………………… （78）

78. 红铃虫有哪些习性？……………………………（79）

79. 红铃虫有哪些季节性发生规律？……………（80）

80. 如何通过农业措施控制红铃虫发生？………（81）

81. 如何对红铃虫进行化学防治？………………（81）

82. 如何识别斜纹夜蛾？…………………………（81）

83. 斜纹夜蛾有哪些习性？………………………（82）

84. 斜纹夜蛾有哪些季节性发生规律？…………（83）

85. 气候条件对斜纹夜蛾发生有哪些影响？……（83）

86. 何种棉田斜纹夜蛾发生比较严重？…………（84）

87. 如何减轻斜纹夜蛾发生？……………………（84）

88. 如何识别甜菜夜蛾？…………………………（84）

89. 甜菜夜蛾有哪些习性？………………………（85）

90. 甜菜夜蛾有哪些季节性发生规律？…………（86）

91. 气候条件对甜菜夜蛾发生有哪些影响？……（86）

92. 如何通过农业措施控制甜菜夜蛾发生？……（86）

93. 如何对甜菜夜蛾进行生物防治？……………（87）

94. 如何对甜菜夜蛾进行化学防治？……………（87）

95. 如何识别棉大卷叶螟？………………………（87）

96. 棉大卷叶螟有何习性？………………………（88）

97. 棉大卷叶螟有哪些季节性发生规律？………（88）

98. 如何通过农业措施控制棉大卷叶螟？………（89）

99. 如何对棉大卷叶螟进行化学防治？…………（89）

100. 棉造桥虫有哪几种？如何识别？……………（89）

101. 棉造桥虫有何季节性发生规律？……………（90）

102. 如何对棉造桥虫进行化学防治？ …………（91）

103. 如何识别玉米螟？ …………………………（92）

104. 玉米螟有哪些季节性发生规律？ …………（92）

105. 如何对玉米螟进行化学防治？ ……………（92）

106. 如何识别棉尖象？ …………………………（93）

107. 棉尖象有哪些季节性发生规律？ …………（93）

108. 如何人工捕捉棉尖象？ ……………………（94）

109. 如何对棉尖象进行化学防治？ ……………（94）

110. 棉田金刚钻有哪几种？如何识别？ ………（94）

111. 鼎点金刚钻有哪些习性？ …………………（95）

112. 鼎点金刚钻有何季节性发生规律？ ………（96）

113. 如何通过农业措施控制鼎点金刚钻？ ……（96）

114. 如何对鼎点金刚钻进行化学防治？ ………（97）

115. 如何识别美洲斑潜蝇？ ……………………（97）

116. 美洲斑潜蝇有哪些习性？ …………………（97）

117. 美洲斑潜蝇有哪些季节性发生规律？ ……（98）

118. 如何防治美洲斑潜蝇？ ……………………（98）

119. 棉田地老虎有几种？如何识别？ …………（99）

120. 地老虎有哪些习性？ ………………………（100）

121. 地老虎有哪些季节性发生规律？ …………（101）

122. 如何通过农业措施防治地老虎？ …………（101）

123. 如何对地老虎进行化学防治？ ……………（102）

124. 棉田蜗牛有哪几种？如何识别？ …………（102）

125. 蜗牛有哪些季节性发生规律？ ……………（103）

126. 如何通过农业措施防治蜗牛？………………（104）

127. 如何对蜗牛进行化学防治？…………………（104）

128. 棉田蝼蛄有哪几种？如何识别？……………（104）

129. 蝼蛄有哪些季节性发生规律？………………（105）

130. 如何减轻蝼蛄的为害？………………………（106）

131. 棉田蛴螬有哪几种？如何识别？……………（107）

132. 蛴螬有哪些季节性发生规律？………………（108）

133. 如何诱杀、捕捉蛴螬？………………………（108）

134. 如何对蛴螬进行化学防治？…………………（108）

135. 棉田金针虫有哪几种？如何识别？…………（109）

136. 金针虫有哪些季节性发生规律？……………（110）

137. 如何防治金针虫？……………………………（111）

138. 如何识别蛞蝓？………………………………（112）

139. 蛞蝓有哪些季节性发生规律？………………（113）

140. 如何减轻蛞蝓为害？…………………………（113）

141. 如何识别双斑莹叶甲？………………………（114）

142. 双斑莹叶甲有哪些季节性发生规律？………（114）

143. 如何通过减轻双斑莹叶甲为害？……………（115）

144. 扶桑绵粉蚧的发生分布有哪些特点？………（116）

145. 如何识别扶桑绵粉蚧？………………………（117）

146. 扶桑绵粉蚧怎样为害棉花？…………………（117）

147. 扶桑绵粉蚧有哪些寄主植物？………………（117）

148. 扶桑绵粉蚧有哪些习性？……………………（118）

149. 扶桑绵粉蚧有哪些传播扩散途径？…………（118）

150. 如何防止扶桑绵粉蚧的扩散为害？ ……… （118）

151. 如何通过农业措施减轻扶桑绵粉蚧
　　 为害？ ……………………………… （119）

152. 如何对扶桑绵粉蚧进行化学防治？ ……… （119）

四、棉田草害及防治 …………………………… （120）

1. 什么是 1 年生、2 年生与多年生杂草？ ……（120）

2. 禾本科、莎草科与阔叶杂草如何区别？ …… （121）

3. 棉田主要杂草有哪些？ …………………… （122）

4. 长江流域棉区棉田杂草有哪些季节性发生
　 规律？ ……………………………………（123）

5. 黄河流域棉区棉田杂草有哪些季节性发生
　 规律？ ……………………………………（123）

6. 西北内陆棉区棉田杂草有哪些季节性发生
　 规律？ ……………………………………（125）

7. 如何通过农业措施防治棉田杂草？ …………（125）

8. 棉花苗床杂草如何进行化学防除？ …………（126）

9. 地膜覆盖直播棉田杂草如何进行化学
　 防除？ ……………………………………（126）

10. 露地直播棉田杂草如何进行化学防除？ ……（127）

11. 移栽棉田杂草如何进行化学防除？ …………（128）

12. 棉花成株后期如何进行化学防除？ …………（129）

13. 棉花药害的主要症状有哪些？ ……………（129）

14. 如何预防棉花药害的产生？ ………………（130）

15. 棉花药害如何进行补救？ …………………（131）

五、棉田病虫草害综合防治技术 ………………(133)

1. 什么是综合防治？ ………………………(133)

2. 什么是植物检疫？ ………………………(133)

3. 植物检疫在棉花病虫草害的防治中有
　哪些应用？ ………………………………(134)

4. 什么是农业防治？ ………………………(134)

5. 如何选用抗性棉花品种？ ………………(134)

6. 如何进行合理的间套作、轮作？ ………(135)

7. 如何种植使用诱集植物？ ………………(136)

8. 如何进行科学的农事操作？ ……………(136)

9. 如何压低病虫草的越冬基数？ …………(137)

10. 什么是物理防治？ ……………………(138)

11. 物理措施在害虫防治中有哪些应用？ ……(138)

12. 物理措施在杂草防治中有哪些应用？ ……(139)

13. 什么是生物防治？ ……………………(140)

14. 怎样利用合理的耕作制度增殖天敌？ ……(140)

15. 怎样选用选择性杀虫剂保护天敌？ ………(141)

16. 怎样改进施药方式保护天敌？ …………(141)

17. 怎样改进农事操作保护天敌？ …………(142)

18. 如何选用生物农药防治害虫？ …………(142)

19. 什么是化学防治？有哪些利弊？ ………(143)

20. 如何适时用药？ ………………………(143)

21. 如何适量用药？ ………………………(144)

22. 为何要轮换交替使用不同种类的农药？ ……(144)

23. 如何进行农药的合理混用？ …………………（144）

24. 如何采用正确的施药技术？ …………………（145）

主要参考文献 ……………………………………（147）

一、概　　述

1. 我国有哪几大棉区？棉花种植情况如何？

当前,我国有三大主产棉区,分别是长江流域棉区、黄河流域棉区和西北内陆棉区。我国常年棉花种植面积为 8 000 万～8 500 万亩。年种植面积在 100 万亩以上的省区有:长江流域棉区的江苏、安徽、湖南、湖北;黄河流域棉区的河北、河南、山东、山西、天津;西北内陆棉区的新疆、甘肃等。其中,新疆植棉面积最大,常年在 2 000 万亩左右。河南、河北、山东、江苏、安徽与湖北的植棉面积均在 500 万亩以上。

全国常年皮棉总产量为 650 万～750 万吨。新疆年产量最高,约 300 万吨,占全国的 40% 左右。其次是山东,约 100 万吨,占 10% 以上。其余棉花产量较高的省份有:河北、河南、湖北、安徽、江苏、湖南等。

2. 我国转基因抗虫棉花的种植情况如何？

1997 年,我国正式从美国引进并商业化种植转基因抗虫棉花(简称抗虫棉),2000 年开始大面积种植国产抗虫棉。在这 10 多年里,我国抗虫棉种植规模不断扩大,从最初的黄河流域棉区很快扩展到了长江流域棉区,最近在新疆地区也开始种植。2008 年以来,我国抗虫棉种植面积稳定在 5 700 万亩左右,约占棉花总面积的 70%,其中,黄河流域棉区抗虫棉的种植比率在 95% 以上,长江流域棉区超过了 80%,新疆地区在 10% 以上。

3. 棉田病害发生危害现状如何?

(1)黄萎病与枯萎病 当前的棉花主栽品种对黄萎病的抗性普遍较差,加上各地棉花连作现象严重,造成黄萎病发生和流行有逐年加重的趋势。而原先严重影响我国棉花生产的重要病害——枯萎病,则由于品种选育中抗病基因的引入,得到了较好的控制,生产上发生危害很轻。

(2)其他病害 种子包衣技术的推广应用对苗期病害取得了良好的控制效果。铃病主要发生在雨水多、田间湿度大的环境中,近些年时有发生,且引起棉花严重减产。病毒病害常在我国局部地区发生,并且有进一步扩散和加重的趋势。值得关注的是,棉花曲叶病相继传入了我国广东、广西地区,这是一种由烟粉虱传播的双生病毒侵染引起的毁灭性病害,对我国棉花生产是一种潜在威胁。

(3)生理性病害 近年来,早衰问题日益突出,对当前我国棉花生产影响很大。

4. 棉田虫害发生危害现状如何?

(1)咀嚼式口器害虫 抗虫棉对棉铃虫与红铃虫具

有很好的毒杀作用,防治效率一般为90%～95%。目前,黄河流域与长江流域棉区棉铃虫得到了基本控制,种群发生数量普遍较低。新疆地区尚未正式推广种植抗虫棉,特别是北疆地区棉铃虫发生与为害仍然比较严重。红铃虫在棉花生产上基本已不再造成为害。

抗虫棉对棉造桥虫、玉米螟、金刚钻等也有较好的控制效果,现在这些害虫在生产上发生普遍较轻。棉大卷叶螟主要在棉花中后期发生,此时抗虫棉的杀虫效果相对较差,导致这种害虫在抗虫棉上还有一定为害。抗虫棉对甜菜夜蛾的毒杀效率偏低,一般为60%～70%,因此在生产上仍有零星发生。

目前,种植的抗虫棉对斜纹夜蛾没有明显的毒杀效果,近几年在长江流域棉区发生危害比较突出。抗虫棉对地老虎、蝼蛄、金龟子、蛞蝓和蜗牛等地下害虫也没有控制作用,因此在一些地区棉花苗期有一定发生为害,个别地区为害严重。

(2)刺吸式口器害虫　抗虫棉有效控制了棉铃虫等靶标害虫的发生为害,使得棉田广谱性杀虫剂的使用量随之减少,从而导致昔日的兼治对象——盲椿象种群发生数量剧增、为害加重,已从原有的次要害虫上升为现在的主要害虫。

抗虫棉上杀虫剂使用的减少直接减轻了对天敌昆虫的杀伤作用,使得棉田瓢虫类、草蛉类、蜘蛛类等捕食性天敌数量明显增加,从而间接地抑制了伏蚜的发生。而近年来苗蚜为害问题仍然比较严重,是苗期病虫害防控的一大重点。

棉叶螨在我国各棉区均有一定发生,特别是在气候干旱年份易严重发生。烟粉虱是棉花生长中后期的一种主要害虫,很多地区发生为害严重,个别地区还出现了"虫雨"现象。另外,江苏等局部地区棉蓟马为害问题比较严重。

最近,一种危险性害虫——扶桑绵粉蚧传入了我国,已扩散至全国 9 省(市)的局部地区,对棉花生产构成了一定威胁。

5. 棉田草害发生危害现状如何?

(1)1 年生阔叶杂草 由于生产上多年单一使用防除禾本科杂草的除草剂,并缺乏适宜的防治阔叶杂草的除草剂品种,1 年生阔叶杂草的发生危害逐步成为了新问题。如新疆棉区马齿苋发生加重,黄河流域棉区部分地区苘麻、苍耳等已成为优势杂草。

(2)多年生杂草 棉花连作导致刺儿菜、苣荬菜、苦苣菜、蒙山莴苣、田旋花、芦苇等多年生杂草的发生密度增加,因缺乏适宜的选择性除草剂,呈现逐年加重的趋势。

二、棉花病害及防治

1. 黄萎病的发生分布有哪些特点？

20 世纪 30 年代棉花黄萎病传入我国,50～60 年代在部分地区造成危害,90 年代以后在各大棉区快速扩散蔓延,逐步上升为我国棉花上的主要病害。目前,棉花黄萎病已遍及辽宁、河北、河南、山东、山西、陕西、北京、天津、甘肃、新疆、四川、湖北、湖南、安徽、江苏、浙江和江西等 17 个省区。黄河流域棉区黄萎病发生尤其严重,特别是近年来大面积发生的落叶型黄萎病对棉花生产造成巨大影响。

2. 黄萎病有哪些症状表现？

黄萎病菌能在棉花整个生长期间进行侵染危害。由于受棉花品种抗病性、病原菌致病力及环境条件等因素影响,黄萎病株常呈现出不同的症状。

(1)幼苗期 在温室和人工病圃里,2～4 片真叶期的棉苗即开始发病。幼苗期的主要症状是病叶边缘开始褪绿发软,呈失水状,叶脉间出现不规则浅黄色病斑,病斑逐渐扩大,变褐色干枯,维管束明显变色。

(2)成株期 在自然条件下,棉花苗期对黄萎病具有较好的抗病性,现蕾后抗性减弱、逐渐发病,一般在 8 月下旬吐絮期达到发病高峰。近年来,棉花黄萎病的症状呈多样化发展,常见症状有:病株由下部叶片开始发病,逐渐向上发展,病叶边缘稍向上卷曲,叶脉间产生浅黄色不规则的斑块,叶脉附近仍保持绿色,呈掌状花斑,类似花西瓜皮状;有时叶片叶脉间出现紫红色失水萎蔫不规则的斑块,斑块逐渐扩大,变成褐色枯斑,甚至整个叶片枯焦,脱落成光秆;有时在病株的茎部或落叶的叶腋里,可发出赘芽和枝叶。

黄萎病株一般并不矮缩,还能结少量棉桃,但早期发病的重病株有时也变得较矮小。在棉花铃期,盛夏久旱后遇暴雨或大水漫灌时,田间有些病株常发生一种急性型黄萎症状,先是棉叶呈水烫样,继则突然萎垂,迅速脱落成光秆。剖开茎秆检查维管束变色情况,从茎秆到枝条甚至叶柄,内部维管束全部变色。一般情况下,黄萎病株茎秆内维管束显现出黄褐色条纹。

3. 黄萎病有哪些侵染与传播途径?

黄萎病是土传的真菌性病害,沿维管束系统侵染。在土壤中定植的黄萎病菌,遇上适宜的温湿度,由病菌孢子萌发产生菌丝体,菌丝体接触到棉花的根系即可从根毛或伤口处(虫伤、机械伤)侵入根系内部。菌丝先穿过根系的表皮细胞,在细胞间隙中生长,继而穿过细胞壁,向木质部的导管扩展,并在导管内迅速繁殖,产生大量小孢子,这些小孢子随着输导系统的液流向上运行,依次扩散到茎、枝、叶柄、叶脉和铃柄、花轴、种子等各个部位。

棉株感病枯死后,黄萎病菌在土壤中能以腐殖质为生或在病株残体中休眠,连作棉田土壤中的菌量不断积累,这是年复一年重复侵染并加重发病的主要根源。黄萎病菌在土壤里的适应性很强,遇到干燥、高温等不利环境条件时,还能产生微菌核等休眠体以抵抗恶劣环境。病菌在土中一般能存活 8~10 年,甚至更长。棉田一旦传入黄萎病菌,若不及时采取防治措施,病菌将以很快的速度蔓延危害。黄萎病的扩展蔓延迅速,病菌的传播途径繁多。

(1)种子传播　黄萎病菌随棉籽调引而传播,这是造成黄萎病远距离传播、出现新病区的重要途径。

(2)病株残体传病　黄萎病菌存在于病株的根系、茎秆、叶片、铃壳等各个部位,这些病株残体可直接落到地里或用其沤制的堆肥里,这也成为重要的传播途径。

(3)带菌土壤传病　黄萎病菌能长期潜存于土壤中。同一块棉田或局部地区内的病害扩散多半是由于病土的移动所致。

(4)流水和农业操作传病　黄萎病菌可借助水流扩散,雨后棉田过水或灌溉能将病株残体和病土向四周传播或带入无病田,造成病害蔓延。在病田从事耕作的牲畜、农机具以及人的手足等均能传带病菌,这是局部地区黄萎病扩展的原因之一。

4. 气候条件对黄萎病发生有哪些影响?

黄萎病发病的最适温度为 25℃～28℃,低于 25℃或高于 30℃发病缓慢,高于 35℃时症状暂时隐蔽。一般在6月份当棉苗4～5 片真叶时开始发病,田间出现零星病株;现蕾期进入发病适宜阶段,病情迅速发展;7～8 月份花铃期达到发病高峰,来势迅猛,往往造成病叶大量枯落,并加重蕾铃脱落,如遇长时间温度过低或湿度过高而温度偏低,则黄萎病发展尤为迅速,病株率可成倍增长。如 1993、2002、2003 年 7～8 月份我国北方棉区连续数天平均气温低于 25℃,导致黄萎病落叶型菌系的大量繁殖侵染,使棉株在短时间内严重发病,叶片、蕾铃全部脱落成光秆,最后棉株枯死。

5. 何种棉田黄萎病发生比较严重?

黄萎病菌在棉田定植以后,连作棉花年限愈长,土壤中病菌量积累愈多,病害就会愈严重。棉田地势低洼、排水不良,或者灌溉棉区,一般发病较重。大水漫灌往往起到传播病菌的作用,并造成土壤含水量过高,不利于棉株生长而有利于病害的发展。氮、磷是棉花不可缺少的营养,但偏施或重施氮肥,反能助长病害的发生。

6. 如何对黄萎病病区棉种进行消毒?

为保护无病区,须禁止病区种子调入无病区。在确有必要调、引棉种的情况下,病区棉种先要进行消毒处

理,经硫酸脱绒后,再用 0.2% 抗菌剂"402"进行 55℃～
60℃温汤浸闷种 30 分钟,或用有效成分 0.3% 多菌灵胶
悬剂冷浸棉籽 14 小时,以消灭种子内外的病菌。

7. 如何消灭黄萎病零星病点?

零星病点及时防治可使其成为无病区。相反,如不
进行有效防治,病菌逐年在田间累积,也就会逐步成为病
区或重病区。需切实查清零星病株的位置,及时拔除,就
地烧毁。病田不再连作棉花,长期改种禾谷类作物,力求
做到当年发现、当年消灭、扑灭一点、保护一片。有条件
的地方,可进行土壤药剂处理,消灭零星病点。

8. 对黄萎病零星病点如何进行土壤消毒?

(1)氯化苦 每平方米打孔 25 个,孔距 20 厘米,孔深
20 厘米,每孔注入氯化苦药液 5 毫升。施药后,盖土踏
实,泼一层水,待 10～15 天后翻土使残留药气挥发。施
用氯化苦灭菌彻底,但成本较高,且有剧毒,使用时要严
格遵守操作规程,注意安全。

(2)二溴乙烷 每平方米病土用 70% 二溴乙烷 80～
90 毫升溶于 40～45 升水中(即稀释 500 倍)灌施,两星期
后即可播种。

(3)二溴氯丙烷 每平方米病土用 90 毫升的二溴氯
丙烷溶于 40 升水中(即稀释 450 倍)灌施。

(4)溴甲烷 将病区土壤翻松、整平,并盖上地膜,每

亩用 35 升溴甲烷熏蒸 15～20 天,夏季高温时实施效果最好,最早不能早于 4 月中旬,气温低于 20℃将影响其效果,熏蒸完后应揭开地膜晾晒 7～10 天,使气体完全释放,否则对棉苗会有不良影响。

9. 如何控制黄萎病轻病区?

有条件的地方,病田可改种水稻、玉米、谷子和麦类等禾谷类作物,实行轮作换茬。同时要采用无病棉种,提倡建立无病种子田。此外,轻病棉田要施用无病净肥,带菌棉柴、棉饼、棉壳均应妥善处理,一般不宜用来沤肥或喂牲口。病株要及时拔除,周围的枯枝、落叶、感病棉铃等也要拾净,带出棉田一并烧毁。病田棉籽不可外调或是用于无病田。

10. 如何对黄萎病重病区进行防治?

重病区应采取以种植抗病品种为主的综合防治措施,并创造有利于棉花生长发育而不利于病菌繁殖侵染的环境条件,逐步达到减轻以至消除危害的目的。主要综合防治措施有以下几点:

(1)种植抗(耐)病品种 这是防治黄萎病最为经济、有效的措施。目前,我国选育成的抗(耐)病、丰产和适应性较广的抗黄萎病品种有中植棉 2 号、冀 958、中植棉 6 号、冀 298、冀 616、中棉所 63、中棉所 58 和鄂杂棉 17 等。

(2)实行轮作换茬 黄萎病菌在土壤中存活年限虽

然很长,但在改种水稻的淹水情况下较易死亡。合理的轮作换茬,特别是与禾谷类作物轮作,可以显著减轻发病。

(3)加强田间管理 注意清洁棉田,对重病田或轻病田都有减少土壤菌源和降低为害的显著效果。此外,深翻、重施有机肥和磷钾肥、及时排除渍水、合理灌溉等措施都能增强棉株的抗病力。抗虫棉前期抗虫性强,下部成铃偏多,这样会过早消耗棉株养分,降低棉株抗病性,故最好在现蕾后去除叶枝(掳裤腿)时去除第一至第二果枝,同时将下部 3 个果枝的花蕾数控制在 3 个以内,促进棉株的营养生长,并增强棉株的抗病性。

(4)改善土壤生态条件 亩施 2 000～3 000 千克基肥(最好为牛羊粪肥或经过堆制腐熟的玉米秸秆)、磷酸二铵 15 千克、标准钾肥 10～15 千克。重施基肥(尤其是有机肥),后期增施钾肥,创造不利于病菌生长的土壤环境。

(5)诱导棉株提高抗病性 从 6 月底开始,每 7～10 天喷施叶面抗病诱导剂,如威棉 1 号、99 植保、活力素等 300～500 倍液,或磷酸二氢钾等 300～500 倍对在一起喷施。8 月中旬至 9 月上旬,还应继续喷施叶面抗病诱导剂 2～3 遍。期间可以结合喷施化控,减少工作量,提高劳动效益。

11. 枯萎病的发生分布有哪些特点?

枯萎病一度是危害棉花生产最为严重的病害之一,

被称为棉花"癌症"。1931年,首次报道在华北地区发现棉花枯萎病。20世纪50年代初,枯萎病只零星发生于陕西、山西、江苏等10个省区的局部地区。但随后的30年里,此病害不断蔓延扩展、危害日益严重。目前,已遍及辽宁、河北、河南、山东、山西、陕西、北京、天津、甘肃、宁夏、新疆、云南、贵州、四川、湖北、湖南、安徽、江苏、浙江、江西和上海等21个省区;80年代,我国开始大力推广抗枯萎病棉花品种,不到10年时间枯萎病就得到了有效控制。

12. 枯萎病有哪些症状表现?

(1)幼苗期 子叶期即可发病,现蕾期出现第一次发病高峰,造成大片死苗。苗期枯萎病症状复杂多样,大致可归纳为5个类型:

①黄色网纹型 幼苗子叶或真叶叶脉褪绿变黄,叶肉仍保持绿色,因而叶片局部或全部呈黄色网纹状。最后叶片萎蔫而脱落。

②黄化型 子叶或真叶变黄萎蔫,有时叶缘呈局部枯死斑。

③紫红型 子叶或真叶组织上红色或出现紫红斑,叶脉也多呈紫红色,叶片逐渐萎蔫枯死。

④青枯型 子叶或真叶突然失水,色稍变深绿,叶片萎垂,猝倒死亡,有时全株青枯,有时半边萎蔫。

⑤皱缩型 在棉株5～7片真叶时,首先从生长点嫩

叶开始,叶片皱缩、畸形,叶肉呈泡状凸起,与棉蚜危害很相似,但叶片背面没有蚜虫,同时其节间缩短,叶色变深,比健康株矮小,一般不死亡,往往与黄色网纹型混合出现。

枯萎病的症状表现与环境条件密切相关。在适宜发病的条件下,特别是温室接种的情况下,多为黄化型和黄色网纹型;在大田气温较低时,多数病苗表现紫红型或黄化型;气候急剧变化时,如雨后迅速转晴,则较多发生青枯型;有时,几种症状可同时在一个棉株上出现;此外,还会与黄萎病一起出现成为混生病株。

(2)成株期　现蕾前后是枯萎病的发病盛期,症状表现多种类型,最常见的是矮缩型,病株的特点是:株型矮小,主茎、果枝节间及叶柄均显著缩短弯曲;叶片深绿色,皱缩不平,较正常叶片增厚,叶缘略向下卷曲,有时中、下部个别叶片局部或全部叶脉变黄呈网纹状。有的病株症状只表现于棉株的半边,另半边仍保持健康状态,维管束也半边变为褐色,故有"半边枯"之称。有的病株突然失水,全株迅速凋萎,蕾铃大量脱落,整株枯死或者棉株顶端枯死,基部枝叶丛生,此症状多发生在暴雨之后,气温、地温下降而湿度较大的情况下,有的地方此时枯萎病可出现第二发病高峰。

诊断枯萎病时,除了观察病株外部症状,必要时应剖开茎秆检查维管束变色情况。感病严重的植株,从茎秆到枝条甚至叶柄,内部维管束全部变色。一般情况下,病株茎秆内维管束显褐色或黑褐色条纹,枯萎病株茎秆内维管束变色比黄萎病株重。调查时剖开茎秆或瓣下空枝、叶柄,检查维管束是否变色,这是田间识别枯萎病的可靠方法,也是区别枯、黄萎病与红(黄)叶茎枯病,排除因旱害、碱害、缺肥、蚜害、药害、植株变异等原因引起类似症状的重要依据。

13. 枯萎病有哪些侵染与传播途径?

土壤中定植枯萎病菌在适宜的温、湿度下,病菌孢子萌发,菌丝体可从棉花根毛或伤口处(虫伤、机械伤)侵入根系内部。菌丝先穿过根系的表皮细胞,在细胞间隙中生长,继而穿过细胞壁,向木质部的导管扩展,并在导管内迅速繁殖,产生大量小孢子,这些小孢子随着输导系统的液流向上运行,依次扩散到茎、枝、叶柄、叶脉和铃柄、花轴、种子等各个部位。

棉株感病枯死后,枯萎病菌在土壤中以腐殖质为生或在病株残体休眠,连作棉田土壤中不断积累菌源,就形成所谓的“病土”,这是重复侵染并加重发病的主要根源。枯萎病菌在土壤里的适应性很强,当遇到干燥、高温等不利环境条件时,还能产生厚垣孢子等休眠体在土壤中长期存活。有人认为在停种寄主植物后,该病原菌可在土壤内存活 10 多年,甚至可在某种土壤中无限期地存留。棉田一旦传入枯萎病菌,若不及时采取防治措施,病害将以很快的速度蔓延为害。往往“头年一个点,二年一条

线,三年一大片",几年内就能从零星发病发展到猖獗为
害的局面。

枯萎病与黄萎病相似,菌病同样主要通过带菌的棉
籽、棉籽饼、棉籽壳、病株残体、土壤、肥料、流水和农田管
理工具等多种途径传播蔓延。

14. 气候条件对枯萎病发生有哪些影响?

在地温低、湿度大的情况下,枯萎病菌菌丝体生长
快;反之,在地温高而干燥的条件下,菌丝体生长慢。当
气候条件有利于病菌繁殖而不利于棉花生长时,棉株感
病严重。

棉花生育过程中,一般会出现 2 个发病高峰。5 月上
中旬地温上升到 20℃左右时,田间开始出现病苗;到 6 月
中下旬地温上升到 25℃～30℃,大气相对湿度达 70％左
右时,发病最盛,造成大量死苗,出现第一个发病高峰。
待到 7 月中下旬入伏以后,地温上升到 30℃以上,此时病
菌的生长受到抑制,而棉花长势转旺,病状即趋于隐蔽,
有些病株甚至能恢复生长,抽出新的枝叶;8 月中旬以后,
当地温降到 25℃左右时,病势再次回升,常出现第二个发
病高峰。

雨量和土壤湿度也是影响枯萎病发展的重要因素,
若 5～6 月份雨水多,雨日持续 1 周以上,发病就重。地下
水位高或排水不良的低洼棉田一般发病也重。雨水还有
降低土温作用,每当夏季暴雨之后,由于地温下降,往往

引起病势回升,诱发急性萎蔫型枯萎病的大量发生。但若地温低于 17℃,湿度低于 35%或高于 95%,都不利于枯萎病的发生。

15. 何种棉田枯萎病发生比较严重?

枯萎病菌在棉田定植以后,若连作感病棉花品种,则随着年限的增加,土壤中病菌量积累愈多,病害就会愈严重。棉田地势低洼、排水不良,或者灌溉棉区,一般枯萎病发病较重。大水漫灌往往起到传播病菌的作用,并造成土壤含水量过高,不利于棉株生长而有利于病害的发展。氮、磷是棉花不可缺少的营养,但偏施或重施氮肥,反能助长病害的发生。氮、磷、钾配合适量施用,将有助于提高棉花产量和控制病害发生。

16. 如何防治棉田枯萎病?

枯萎病与黄萎病的防治策略与措施基本一致,可参照进行。

17. 棉花苗期有哪些主要病害?

苗期病害种类繁多,国内已发现的约有 20 多种。根据危害方式,苗期病害可分为根病与叶病 2 种类型。其中由立枯病、炭疽病、红腐病和猝倒病等引起的根病最为普遍,是造成棉田缺苗断垄的重要原因;由轮纹斑病、疫病、褐斑病和角斑病等引起的叶病,在某些年份也会突发流行、造成损失。一般而言,在北方棉区,苗期根病以立枯病和红腐病为主;在多雨年份,猝倒病也比较突出;炭疽病的出现率也相当高;叶病主要是轮纹斑病。在南方棉区,苗期根病以炭疽病为主,其次是立枯病,红腐病较北方棉区为少;叶病主要是褐斑病和轮纹斑病,近年来棉苗疫病和茎枯病在局部地区造成了严重损失。

此外,由于灾害性天气的影响或某些环境条件不适宜,棉花苗期还会发生冻害、风沙及涝害等生理性病害。新疆棉区为了抢墒,棉花播种较早,往往3月底即开始播种,而冻害、风沙时有发生,有些年份由此造成4、5次的毁种重播。

18. 苗期病害有哪些症状表现?

苗期病害是由真菌或细菌侵染而引起的。种子带菌与棉田土壤中的大量病株残体是苗病的侵染来源。棉苗根病实际上是多种病原的复合型病害。按棉苗发育时期,根病的症状可分为出苗前的烂籽和烂芽,以及出苗后的烂根和死苗。

(1)烂籽 播种以后,种子上和土壤中的病菌如炭疽病、立枯病和红腐病菌,在低温、高湿的条件下都会引起烂籽。

(2)烂芽 种子发芽后到出苗以前,土壤里的立枯病、猝倒病和红腐病菌等,会侵害幼根、下胚轴的基部,导致烂芽。

(3)烂根 立枯病、猝倒病和红腐病菌都会引起烂根。立枯病菌引起的黑色根腐,病斑呈缢缩状;红腐病菌引起的烂根,起初是锈色,后期黑褐色干腐;猝倒病菌引起的烂根是水渍状浅黄色软腐。

(4)死苗 出苗后导致死苗的以立枯病、炭疽病、猝倒病和红腐病菌等病原为主,其中以立枯病引起的死苗最常见。

19. 苗期病害有哪几种?

(1)立枯病 幼苗出土前造成烂籽和烂芽。幼苗出土以后,则在幼茎基部靠近地面处发生褐色凹陷的病斑;继则向四周发展,颜色逐渐变成黑褐色;直到病斑扩大缢缩,切断了水分、养分供应,造成子叶垂萎,最终幼苗枯倒。发病棉苗一般在子叶上没有斑点,但有时也会在子叶中部形成不规则的棕色斑点,以后病斑破裂而穿孔。以低温多雨适合发病,湿度越大发病越重。

(2)炭疽病 当棉籽开始萌发后,病菌即可入侵,常使棉籽在土中呈水渍状腐烂;或幼苗出土后,先在幼茎的基部发生紫红色纵裂条痕,以后扩大成皱缩状红褐色梭形病斑,稍凹陷,严重时皮层腐烂,幼苗枯萎。炭疽病常在子叶的边缘形成半圆形的褐色病斑,病斑的边缘红褐色,干燥情况下病斑受到抑制,边缘呈紫红色,天气潮湿时病斑表面出现粉红色,叶缘常因病破裂。病斑表面常产生红褐色黏物质,为病菌产生的大量分生孢子。棉苗在多雨潮湿低温时最容易得病。

（3）猝倒病　多在潮湿的条件下发病，主要危害幼苗，也能侵害棉籽和露白的芽。最初在茎基部出现黄色水渍状病斑，严重时成水肿状，并变软腐烂，颜色转成黄褐，棉苗迅速萎倒。它与立枯病的不同之处是茎基部没有褐色凹陷病斑，在高湿的情况下，棉苗上常产生白色絮状物。

（4）红腐病　致病菌侵害棉苗根部，先在靠近主根或侧根尖端处形成黄色至褐色的伤痕，导致根部腐烂，受害重时也会蔓延到幼茎。得病棉苗的子叶边缘常常出现较大的灰红色圆斑，在湿润气候条件下，病斑表面会产生一层粉红色孢子。感染红腐病的幼苗，通常生长迟缓，发病严重的也会造成子叶萎黄，叶缘干枯，以致死亡。

（5）轮纹斑病　多发生在衰老的子叶上，严重时也可以蔓延到初生真叶，引起死苗。被害的子叶，最初发生针头大小的红色斑点，逐渐扩展成黄褐色的圆至椭圆形病斑，边缘为紫红色，一般具有同心轮纹。发病严重时，子叶上出现大型的褐色枯死斑块，造成子叶枯死脱落。叶片和叶柄枯死后，菌丝会蔓延到子叶节，造成茎组织甚至生长点死亡。

（6）褐斑病　最初在子叶上形成紫红色斑点，后扩大成圆形或不规则黄褐色病斑，边缘为紫红色，稍有隆起。在多雨年份往往苗期发病严重，以致子叶和真叶满布斑点，引起凋落，影响幼苗生长。病斑表面散生的小黑点，是病菌的分生孢子器。

（7）疫病　病斑圆形或不规则形,水浸状,病斑的颜色开始时略显暗绿色,与健康部分差别不大,随后变成青褐色;在病斑出现不久,天气放晴、空气湿度很快下降,病斑部分失水呈浅绿色;遇日光照射后,不久呈黄褐色,病健部界限明显,以后转成青褐色以至黑色。在高湿条件下,子叶水浸状,如被开水烫过一样,造成子叶凋枯脱落。真叶期症状与子叶期相同,严重时子叶和真叶一片乌黑,全株枯死。

（8）角斑病　幼苗染病后,先在子叶背面出现水渍状透明的斑点,逐渐转变成黑色,严重时子叶枯落。如遇多雨天气,病菌可自叶柄侵入幼茎,形成墨绿色油浸状长形条斑,严重时幼茎中部变细,折断死亡。

20. 苗期病害有哪些侵染与传播途径?

种子能携带多种病原菌,但苗期病害的主要传染载体是种子和土壤。

（1）种子携带　炭疽、红腐、角斑和茎枯等病菌都可以在铃期危害。这些病菌可以附着在种子的外部或潜伏在种子的内部,以种外携带为主。来自种子的病原菌(一般可存活 1～3 年),能随种子播入土中,侵害棉苗。它们还可以随着棉铃病害和枯枝落叶等带病组织在土壤中越冬。炭疽、红腐和角斑病菌等是以种子传带为主,而茎枯病菌等则多附在带病组织上。

（2）土壤传染　立枯和猝倒等病菌,都存活于土壤中。它们能侵入棉花幼芽或幼茎的组织,吸取营养物质,幼苗死亡后,病菌仍然存留于土壤中。这些病菌的寄主范围都相当广泛,但禾谷类作物对这些病菌具有一定的抵抗力,一般受害较小。因此,棉花与禾谷类作物轮作,在一定程度上可以减轻立枯病等危害。

21. 气候条件对苗期病害发生有哪些影响?

棉种由播种到出苗,经常受到多种病原菌的包围,当外界条件有利于棉苗的生长发育时,虽有病菌存在,棉苗仍可正常生长;相反,当外界条件不利于棉苗生长发育而有利于病菌侵入时,就会造成烂子、烂芽、病苗和死苗。总的来说,低温、高湿不利于棉苗的正常生长而有利于病菌的危害,所以在棉花播种出苗期间如遇低温阴雨,特别是温度先高然后骤然降低时,苗病发生一定严重。

各种病原菌对温度的要求大体相同,而其发病适温又各有差别。一般而言,在 10℃~30℃ 是多种病原菌孳生较适宜的温度。立枯病菌甚至在 5℃~10℃ 和 30℃~33℃ 的不利条件下都能生长。病害发生与土壤温度关系十分密切,棉籽发芽时遇到低于 10℃ 的地温,会增加出苗前的烂子和烂芽;病菌在 15℃~23℃ 时最易于侵害棉苗。猝倒病通常在地温 10℃~17℃ 时发病较多,超过 18℃ 发病即减少。有些病菌则在温度相对较高时易于侵染棉苗,如炭疽病最适温度为 25℃ 左右,角斑病为 21℃~28℃,轮纹斑病和疫病为 20℃~25℃。各种苗病发生的轻重、早晚与苗期气温情况密切相关。立枯病与猝倒病发病的温度较低,所以在幼苗子叶期发病较多。猝倒病多发生在 4 月下旬至 5 月初,造成刚出土的幼苗大量死亡;立枯病的危害主要在 5 月上中旬。整个苗期,炭疽病和红腐病都会发生,前者在晚播的棉田或棉苗出真叶后仍继续危害。轮纹斑病和疫病多在棉苗后期发生,危害衰老的子叶和感染初生的真叶。

高湿有利于病菌的发展和传播,也是引起苗病的重要条件。阴雨高湿,土壤湿度大,对棉苗生长不利,却有利于病菌的蔓延。棉苗出土后,长期阴雨是引起死苗的重要因素,雨量多的年份死苗重。相对湿度小于 70%,炭疽病发生不会严重。相对湿度大于 85%,角斑病菌最易侵入棉苗危害。在涝洼棉田或多雨地区,猝倒病发生最普遍。利用塑料薄膜育苗,如床土温度控制不好,发病也严重。多雨更是苗期叶病的流行条件,轮纹斑病和疫病等都是在 5、6 月间连续阴雨后大量发生的。棉田高湿不利于棉苗根系的呼吸,土壤长期积水会造成黑根苗,导致根系窒息腐烂。

22. 如何通过农业措施防治苗期病害?

苗期病害的发生和发展,决定于棉苗长势的强弱、病菌数量的多少及播种后的环境条件。防治措施的要点就是用人为方法减少病菌数量,并采用各种农业技术造成有利于棉苗生长发育而不利于病菌孳生繁殖的环境条件,从而保证苗全苗壮。

(1)选用高质量的棉种适期播种 高质量的种子是培育壮苗的基础,棉种质量好,出苗率高,苗壮病轻。以5厘米土层温度稳定达到12℃(地膜棉)～14℃(露地棉)时播种,即日平均气温在20℃以上时播种为宜,早播引起棉苗根病的决定因素是温度,而晚播引起棉苗根病的决定因素则是湿度。

(2)深耕冬灌,精细整地

①北方一熟棉田 秋季进行深耕可将棉田内的枯枝落叶等连同病菌和害虫一起翻入土壤下层,对防治苗病有一定的作用。秋耕宜早。冬灌应争取在土壤封冻前完成;与春灌相比,冬灌能有效降低病情指数。进行春灌的棉田,也要尽量提早,因为播前浇水会降低地温,不利于棉苗生长。

②南方两熟棉田 要在麦行中深翻冬灌,播种前抓紧松土除草清行,这样同样可以减轻病害发生。

(3)深沟高畦 南方棉区春雨较多,棉田易受渍涝,这是引起大量死苗的重要原因。棉田深沟高畦可以排除明涝暗渍,降低土壤湿度,有利于防病保苗。

(4)轮作防病 在相同的条件下,轮作棉田比多年连作棉田发病轻,而稻棉轮作田的发病又比棉花与旱粮作物轮作的轻。因此,合理轮作有利于减轻苗病,在有水旱轮作习惯的地区,安排好稻棉轮作,不仅可以降低苗病发病率,还有利于促进稻棉双高产。

（5）及时中耕提高地温　在棉花出苗后如遇到雨水多的年份，应当在天气转晴后，及时中耕松土，提高棉苗四周的通气状况和提高地温，可以有效地降低苗病的发生。

23. 如何通过种子处理防治苗期病害？

苗期根病的传染途径主要是种子带菌和土壤传染，因而在防治上多采用种子处理和土壤消毒的办法来保护种子和幼苗不受病菌的侵害。进行种子处理比较简便省药，是目前防治苗病最常用的方法。

（1）温汤浸种　温汤浸种是北方棉区广大群众创造的兼有催芽和杀菌作用的好经验。恰当地掌握浸种的温度和时间，可以杀死附在种子内外的病菌而又不影响种子的发芽率。棉籽经 55℃的热水浸 30 分钟或 60℃的热水浸 20 分钟，能使发病率大幅度下降，而不影响成熟种子的发芽。温汤浸种对棉苗炭疽病的防治效果明显，对红腐病也有一定的作用；但对土壤传染的病害，如立枯病和猝倒病则无效。但在南方棉区，一般因春雨较多，土壤湿度大，温汤浸种促进发芽的作用就不明显，如果浸种后遇雨不能及时播种，还会造成种子霉烂，所以一般都习惯于播种干棉籽。对于包衣种子则不能进行温汤浸种。

（2）药液浸种　药液浸种或闷种是 20 世纪 60～80 年代防治苗期病害、枯萎病和黄萎病的主要措施，方法为用抗菌剂"401"或"402"的稀释液浸种或闷种，可以有效地消灭棉籽上的炭疽病菌,出苗也可提早 3～4 天。浸种时先配好稀释液,每 250 千克棉籽用"401"药液或"402"药液 1 千克对清水 2 000 升,播前浸泡 24 小时。也可简化为用"401"或"402"1 千克,对水 100 升,用喷雾器均匀地喷洒在 500 千克棉籽上,然后堆起用麻袋盖好,闷种24～36 小时。但随着种子包衣技术的发展,目前棉种大部分为包衣的种子,药液浸种或闷种已基本上被淘汰。

(3)药剂拌种 因为种子和土壤都带多种病原菌,所以进行药剂拌种,保护棉苗安全出土和正常生长,是十分重要的。防治苗期根病有效的药剂有:拌种灵、三氯二硝基苯、甲(乙)基硫菌灵、20％甲基立枯磷和 35％苗病净 1号等,用量大体都是每百千克棉种拌药 0.5 千克。与上述原因一样,药剂拌种也已很少采用。

(4)种衣剂的应用 这是目前生产上最确实可行的防治苗期病害的方法。大面积应用的种衣剂有 16％吡·多·萎种衣剂、63％吡·萎·福干粉种衣剂、24％多·克·唑种衣剂、17％多·福种衣剂、15％多·福·唑种衣剂和 20％福·甲种衣剂等,不同生态区应根据具体情况采用相应的种衣剂。目前,商业化的种子均采用含杀菌剂种衣剂包衣,对苗期病害起到很好的防治效果。

24. 如何对苗期病害进行化学防治?

棉苗出土后会受轮纹斑病和褐斑病等叶病的侵害,因此要喷药保护棉苗,预防苗期叶病。在棉花齐苗后,遇到寒流阴雨,轮纹斑病和褐斑病等就会发生,要在寒流来临前喷药保护。防治叶病的药剂有 1∶1∶200 波尔多液,或 65％代森锌可湿性粉剂 250～500 倍液,或 25％多菌灵可湿性粉剂 300～1 000 倍液,或 50％克菌丹可湿性粉剂 200～500 倍液等。

25. 棉铃病害主要有哪几种?

棉铃病害是一类在各大棉区普遍并频繁发生的重要病害,个别年份发病率相当高,一些棉田可造成一半的棉铃发病,造成巨大的产量损失。在我国能引起棉铃病害的病菌约有 20 多种。在黄河流域棉区,常见的棉铃病害病菌有:疫病菌、红腐病菌、印度炭疽病菌、炭疽病菌、角斑病菌、红粉病菌、链格孢菌、黑果病菌、根霉菌和曲霉菌等。疫病棉铃病最为普遍,在河南和河北等地有时占棉铃病害总数的 90％以上;其次为红腐病、印度炭疽病和炭疽病。

在长江流域棉区,常见的有:炭疽病菌、角斑病菌、红腐病菌、花腐病菌、黑果病菌、印度炭疽病菌、根霉菌、红粉病菌、疫病菌、链格孢菌、小叶点霉菌、青霉菌、黑子菌、斑纹病菌、曲霉菌、黑斑病菌和污叶病菌等,其中以前 3 种最为主要。近年来,随着棉花栽培技术的提高,疫病已上升为铃期主要病害之一。但炭疽病仍属最主要的棉铃病害,这一特点与该棉区苗期炭疽病较重的情况一致。

26. 棉铃病害有哪些症状表现？

（1）疫病　多危害棉株下部的成铃，主要在 7～8 月份发病。病斑先从棉铃基部或从铃缝开始出现，青褐色至青黑色，呈水浸状。发病初期病斑表面光亮，健部与病部界限清晰，逐渐向全铃扩展后，病斑变成中间青黑色、边缘青褐色，健部与病部界限模糊不清。单纯疫病危害的棉铃，发病后期在铃壳表面产生一层霜霉状物，即疫病菌的孢子囊和菌丝体。但在一般情况下，往往有大量红腐病菌伴随发生，以致原来疫病的症状被掩盖。

（2）红腐病　多发生在受伤的棉铃上。当棉铃受疫病、炭疽病或角斑病的侵染后，以及受到虫伤或有自然裂缝时，最易引起棉铃红腐病。病斑没有明显的界线，常扩展到全铃，在铃表面长出一层浅红色的粉状孢子或满盖着白色的菌丝体。病铃铃壳不能开裂或只半开裂，棉瓤紧结，不吐絮，纤维干腐。

（3）炭疽病　多在 8 月中旬至 9 月下旬危害棉铃。病铃最初在铃尖附近发生暗红色小点，逐渐扩大成褐色凹陷的病斑，边缘紫红色稍隆起。气候潮湿时，在病斑中央可以看到红褐色的分生孢子堆。受害严重的棉铃整个溃烂或不能开裂。在苗期炭疽病严重的地方，生长后期棉铃炭疽病也往往较多。病菌可以直接侵染无损伤的棉铃。

（4）印度炭疽病　侵染棉铃，开始铃壳深青色，病部与健部界限明显,与疫病危害初期相似,当病斑尚未产生孢子时两者不大容易区分。但印度炭疽病的病斑发展较慢,最后变成褐色,略凹陷,会产生灰黑色颗粒状分生孢子堆,与产生霜霉状物的疫病病斑不一样。在棉铃受疫病等病害侵染后或者有虫伤时,印度炭疽病较易发生。

(5)黑果病 多在结铃后期侵染棉铃。据以往资料,棉铃一般在受伤的情况下发病,病菌也可直接穿入铃壳果皮危害棉铃。受害的棉铃后来出现一层绒状黑粉,这是由分生孢子器散出来的分生孢子。通常病铃发黑,僵硬,多不开裂。

(6)红粉病 危害棉铃,症状略似红腐病。铃壳及棉瓣上满布着淡红色粉状物,粉层较红腐病厚而成块状,略带黄色,天气潮湿时成绒毛状。棉铃不能开裂,棉瓣干腐。

(7)软腐病 危害棉铃最初出现深蓝色伤痕,有时呈现叶轮状褐色病斑,以后病斑扩大,发展成软腐状,上生灰白色毛,干枯时变成黑色。

(8)曲霉病 侵染后先在铃壳裂缝处产生黄褐色霉状物,以后变成黑褐色,将裂缝塞满,病铃不能开裂。

(9)角斑病 多在7月中旬至9月初发生。感病的棉铃开始在铃柄附近出现油渍状的绿色小点,逐渐扩大成圆形病斑,并变成黑色,中央部分下陷,有时几个病斑连起来成不规则形状的大斑。角斑病可以危害幼铃,幼铃受害后常腐烂脱落;成铃受害,一般只烂1~2室,但亦可引起其他病害侵入而使整个棉铃烂掉。

27. 棉铃病害有哪些侵染途径？

按其致病方式可分 2 类：一类是可以直接侵害棉铃的，有角斑病、炭疽病、疫病和黑果病等病菌；另一类属于伤口侵染的，有些甚至是半腐生性的，有红腐病、红粉病和印度炭疽病等病菌，多从伤口、铃缝或病斑下侵入而引起棉铃病害。

28. 棉铃病害有哪些季节性发生规律？

棉铃病害发病率的高低在不同年际间差异较大，但发病的起止时期及发病盛期在同一地区却大体一致。据各地不同年份的系统调查，棉铃病害一般开始发生于 7 月下旬，8 月上旬以后迅速增加，8 月下旬（有的年份是中旬）为发病盛期，9 月上旬以后发病率陡降，但直到 10 月份还可以看到有零星发生。发病时期前后延续近 3 个月，但主要发生在 8 月上旬至 9 月上旬的 40 天中，尤其以 8 月中下旬最为重要，这个时期发病率的高低常直接决定了当年棉铃病害的轻重。在长江流域棉区，棉铃病害一般在 8 月中旬开始发生，主要发病期在 8 月中旬至 9 月中旬，而以 8 月底至 9 月上中旬的棉铃病害损失最重，9 月下旬以后棉铃病害即减少，但延至 10 月份仍有零星发病。一般而言，长江流域棉区棉铃病害发生的起止时期及发病盛期都比黄河流域棉区稍晚，这似与雨季迟早不同有关(前者秋季阴雨常出现于 8、9 月份,而后者雨季主要集中于 7、8 月份)。

29. 气候条件对棉铃病害的发生有哪些影响?

棉铃病害与 8、9 月份的降雨有密切关系,特别是在 8 月中旬至 9 月中旬的 1 个多月内,雨量和雨日的多少是决定全年棉铃病害轻重的重要因素。棉铃病害率的高低与这个时期降雨的多少成正相关。在同一地区,棉铃病害率的年际差异相当大,这主要是受降雨的影响。

棉铃病害病原菌的孳生及侵染棉铃,需要有一定的温度条件。如棉铃疫病生长最适宜的温度为 22℃~23.5℃,在 15℃~30℃范围内都能侵染棉铃,致病适温为 24℃~27℃。

30. 棉花生育期对棉铃病害发生有哪些影响?

每年棉铃病害发生的早晚,往往与棉花生长发育的早晚有关。开花较早的棉田,棉铃病害开始发生时期及发病盛期都较早,棉铃病害一般比较重;开花较晚的棉田,发病时期和发病盛期都相应地后延,棉铃病害也较轻。

棉铃病害发生的早晚和轻重,常因棉株生育状况不同而异。一般棉铃病害主要发生于下部果枝,第一圆锥体的棉铃病害又占全株棉铃病害总数的一半或一半以上,发病棉铃的龄期主要在开花后 30~50 天,发病高峰则在 40~50 天之间。但棉株营养生长过旺的棉田,棉铃发病龄期常可提早到 20～30 天,发病部位也可上升到中部果枝。据此即可预测棉田棉铃病害的发生时期和发生程度,并决定采用药剂保护的适宜时期和重点田块。

31. 如何通过农业措施防治棉铃病害?

(1)整枝摘叶,改善棉田通风透光条件 在生长茂盛的棉田整枝摘叶,使通风透光良好,降低湿度,对减少棉铃病害有一定的作用。

(2)抢摘病铃,减少损失 在棉铃病害开始发生时,及时摘收棉株下部的病铃,在场上晒干或在室内晾干,再剥壳收花,不仅可以减少病菌由下而上传播,而且可减轻受害棉铃的损失。因而及早动手,抢摘病铃,尚不失为一项容易做到而见效较快的措施,这在长江流域棉区是防治棉铃病害的一些主要措施。

(3)利用植株避病特性,培育抗病品种 一般说来,晚熟、铃大、果枝长及果节节间长的品种棉铃病害较轻,而早熟、铃多及果枝短的品种感病较重。但因环境及生育状况不同,表现不稳定。

32. 如何对棉铃病害进行化学防治?

在铃病发生前喷洒化学药剂具有一定的防治效果,但在实用上还有不少需要解决的问题。如棉花铃期 8 月上旬、中旬和下旬喷洒波尔多液(1∶1∶200)2～3 次,能明显减轻棉铃病害率。在治虫较彻底的棉田,单用波尔多液、代森锌、福美双防治棉铃病害,也能达到较好的防治效果。

33. 茎枯病的发生分布有哪些特点?

茎枯病的分布比较广,曾先后在辽宁、陕西、山西、河北、河南和山东等省严重发生。茎枯病是一种暴发性病害,在大流行的年份对棉花产量影响很大。近年来,很少见茎枯病的大面积发生危害,但仍应关注其发生动向,防止其再度暴发危害。

34. 茎枯病有哪些症状表现?

(1)叶片 棉苗一出土,茎枯病菌就能侵害幼苗,在子叶上多出现紫红色的小点,以后扩大成边缘紫红色、中间灰白色或褐色的病斑。真叶受害后,最初边缘组织上出现紫红色、中间黄褐色的小圆斑,以后病斑扩大、合并,在叶片上有时出现不甚明显的同心轮纹,表面常散生小黑点状的分生孢子器,最后导致病叶干枯脱落。在长期阴雨高湿的条件下,还会出现急性型病状。起初叶片出现失水褪绿病状,随后变成像开水烫过一样的灰绿色大型病斑,大多在接近叶尖和叶缘处开始,然后沿着主脉急剧扩展,1~2 天内还可遍及叶片甚至全叶都变黑。严重时还会造成顶芽萎垂,病叶脱落,棉株落成光杆。

(2)叶柄与茎 叶柄发病多在中、下部,茎枝部受害多在靠近叶柄基部的交界处及附近的枝条下。开始先出现红褐色小点,继则扩展成暗褐色的梭形溃疡斑,其边缘紫红色,中间稍呈凹陷,病斑上常生有小黑点。后期严重时病斑扩大包围或环割发病部分,外皮纵裂,内部维管束外露,这是茎枯病的一个主要特征。叶柄受害后易使叶片脱落,茎部受害后可使茎枝枯折,故名茎枯病。

(3)蕾铃　病菌能侵染苞叶和青铃,苞叶发病侵入是青铃的直接侵染源。青铃受害后,铃壳上先出现黑褐色病斑,以后病斑迅速扩大,使棉铃腐烂或开裂不全,铃壳和棉纤维上有时会产生许多小黑粒。

35. 茎枯病有哪些侵染与传播途径?

在病区,茎枯病菌的初次侵染菌源以土壤带菌为主。病菌以菌丝体及孢子器在病残体上越冬,能在土壤中存活 2 年以上。在新棉区,种子带菌是病害传播的另一重要途径。当棉籽发芽时或幼苗出土后,潜藏于种子内外的以及病残体上的菌丝体孢子即能侵染棉苗子叶和幼茎。在气候条件适宜的情况下,病菌产生大量的孢子,成为田间发病的菌源,并借风雨和蚜虫传播,造成再侵染。这样周而复始的多次侵染循环,就会构成大流行。

36. 气候条件对茎枯病发生有哪些影响?

一般在持续 4～5 天相对湿度在 90％以上、日平均气温为 20℃～25℃的多阴雨天气下,茎枯病就有可能大流行。在发病期间若伴有大风和暴雨,造成棉株枝叶损伤,则更有利于病菌的侵染和传播。

37. 何种棉田茎枯病发生比较严重?

由于蚜虫的为害,棉株上出现大量伤口,为病菌入侵提供了条件。同时,蚜虫在棉田内迁移爬行,也会携带孢子传播病害。此外,蚜虫的排泄物含有糖类物质,可能有利于病菌的繁衍和侵染。因此,蚜虫为害严重的田块,茎枯病就严重。

棉田密度过大,施氮肥过多,会造成枝叶徒长,如果再加管理粗放,整枝措施跟不上,棉株荫蔽,通风透光不良,棉田湿度大,茎枯病危害就会加重。由于大量的茎枯病菌是随病残体在土壤中越冬,所以连作棉田的茎枯病比轮作换茬棉田严重。

38. 如何防治茎枯病?

(1)种子处理 播种前做好种子处理(详见苗期病害的防治),可以减少病菌的初次侵染源,经硫酸脱绒的棉籽可显著减轻茎枯病危害。

(2)农业防治

①实行轮作换茬 棉花与禾谷类作物如稻、麦等2~3年轮作1次,可有效地减轻茎枯病的发生与危害。

②合理密植,及时整枝 肥水条件充足的棉田,应特别注意合理密植,不施过量的氮肥,适量配合磷、钾肥,使棉株生长稳健。中后期要及时打老叶、剪空枝,以改善棉

田通风透光条件,创造不利于病害发生流行的田间小气候。

③清洁棉田 棉花收获后,要清理田间的残枝落叶和得病脱落的棉铃,作燃料或就地烧掉,同时要进行秋季(冬季)深翻耕,以消灭越冬菌源。

(3)化学防治 在气候条件适合茎枯病发生的时期,要经常注意天气的变化,抢在雨前喷药保护。药剂可用1:1:200波尔多液,或 500 倍的百菌清或克菌丹,或1000倍的多菌灵或甲基硫菌灵,或 600~800 倍的代森锌等。同时,要注意防治蚜虫。

39. 早衰有哪些症状表现?

早衰植株矮小,提前衰老、枯萎,蕾、铃脱落严重,僵瓣、干铃增加,果枝果节少,封顶早,生长无后劲,上部空果枝多,提前吐絮。早衰棉田的果枝、铃数明显减少,棉桃小,衣分低,且成熟度差,棉纤维长度、麦克隆值、纤维强度等指标下降。

40. 气候条件对早衰发生有哪些影响?

极端高温或低温及高低温交替易引发早衰。如 2004年 8 月 4~15 日新疆奎屯垦区的气温连续 10 天低于19℃,最低温度只有 8.4℃。棉花叶片先是发红发紫,随后枯萎脱落,不能进行正常的光合作用,从而影响植株正常的生长发育,形成大面积早衰,减产 30%~40%。2006

年 8～9 月份持续高温,日平均气温达 27℃～32℃,最高温度 42℃,过高的温度影响棉花的授粉受精,对坐伏桃不利。相当一部分坐桃较多的棉田都在此段时间落叶垮秆,造成提前早衰。湖北天门棉区 2005 年 8 月 14～15 日雨后天晴始见早衰症状,部分棉株叶片萎蔫青枯;8 月 20～23 日暴雨,温度剧降,24 日天气陡晴,温度急剧变化导致早衰大面积发生。表现为叶片变黑焦枯、脱落,棉株死亡。

41. 何种棉田早衰发生比较严重?

枯萎病、黄萎病等病害造成根、茎、叶柄导管变色,水分、养分输送受阻,叶片出现黄色斑块,干枯脱落,引起早衰。棉蚜、棉叶螨、盲椿象的为害将破坏叶片光合作用,使叶片枯黄脱落,也会诱发棉田早衰。

多年连续重茬种植棉花,尤其在地势低、排水不良的地块,棉花根系发育不良,抗生菌数量少,病菌积累严重,从而导致早衰。

前期、中期化控较轻,田间过于荫蔽,下部叶片受光少,制造的养分少,无法满足下部蕾铃和根系的需要,使得根系因营养不良,过早老化,造成早衰。后期化控太重,上部节间过于紧缩,叶片小而平展,中、下部通风透光差,易造成早衰。

随着地膜种植棉花越来越多,棉田内残膜量也日益增多,从而使根系下扎浅,植株吸收养分能力也大大削弱,得不到足够的营养,由此引起早衰。

一般早中熟棉花的适播期以5厘米地温稳定通过15℃为宜,如果播种过早,气温低,根系生长慢并且病害严重,前期坐桃较早、较多,导致后期营养供应不上而发生早衰。

苗期棉田墒情不够的情况下,根系入土浅,须根分布少,而到现蕾、开花、结铃以后,营养生长与生殖生长并进,一旦有足够的水分植株就会迅速生长,甚至旺长,结蕾铃过多,致使棉株自身营养失调,植株抗性降低,而这一时期又正是枯黄萎病高发期,很容易发生早衰。

当前,重施化学肥料,忽视有机肥,特别是重氮肥,轻磷肥,不施农家肥、钾肥和微肥,土壤缺乏锌、铁、铜、锰、硼等微量元素,导致土壤营养严重失衡,土地后劲不足,使棉株营养供应不均衡,棉株抗逆性差、抗灾能力明显下降而出现早衰。另外,施肥方法采取"一炮轰"或只在头水前施肥,二水前不施或少施,造成生长后期脱肥,同样会诱发早衰。

42. 如何对早衰进行早期综合防控?

早衰防治依然是一有待深入研究的课题,一旦发生尚缺乏有效防治措施,应立足于早期综合防控。具体的防治方法有:

(1)种植适宜的棉花品种 因地制宜种植抗病性好、抗逆性强、品质好、丰产性突出的棉花品种。

（2）加强病虫害防治　对于病虫害要做到早调查、早防治，力争将危害消灭在中心株或点片发生阶段。

（3）坚持轮作倒茬　尽可能轮作倒茬，缩短棉花连作年限。

（4）平衡施肥　根据棉花需肥规律，施足基肥，增施有机肥，重施花铃肥，补施桃肥。合理使用微肥与叶面肥。

（5）化学调控培育理想株型　在化调过程中应遵循"早、轻、勤"的原则。生育期化控 5 次，分别在 2～3 片叶期、6～7 片叶期、10～11 片叶期、13～14 片叶期和打顶后化控，缩节胺用量可根据当时的苗情、气候等环境条件确定，可塑造理想的株型，使棉花正常稳健生长增加新叶数量，对抗虫棉可采用控制前期结铃，对中下部果枝在有2～3 个铃后即应将边心摘除，同时在后期增施花铃肥，尤其是磷、钾肥，调节棉花的库源比例，促进根系发育，增强植株生长势防止早衰。

（6）回收残膜　地膜覆盖栽培的棉田，应坚持最大限度地减少耕层残膜量，犁地前采取机械和人力相结合的办法进行残膜回收。犁地后结合平地、耕地再次回收残膜，做到回收残膜率在 90％ 以上。

43. 棉花曲叶病的发生分布有哪些特点？

棉花曲叶病是棉花生产的一种毁灭性病害，主要由烟粉虱传播的双生病毒侵染所致，自然寄主主要有棉花、扶桑(朱槿)、黄秋葵和红麻等植物。该病害于 1967 年发现于巴基斯坦局部地区,1988 年开始在巴基斯坦大面积发生,1992～1995 年造成的经济损失超过 50 亿美元。此后,迅速传入印度、苏丹、埃及、尼日利亚、马拉维和南非等国,成为世界性棉花重大病害。2006 年,我国在广东和广西局部地区的扶桑和黄秋葵上首次检测鉴定到棉花曲叶病毒。2009 年 11 月,在广西南宁市郊的棉花田中发现了叶片卷曲和矮缩症状的拟似棉花曲叶病棉株,鉴定结果表明其病原为棉花曲叶病毒。目前,棉花曲叶病毒是我国的检疫对象。

44. 棉花曲叶病有哪些症状表现?

受棉花曲叶病毒侵染的病株叶片边缘向上或向下卷缩,叶脉膨大、增厚、暗化,叶脉表面突起,并发展成为杯状的侧叶,植株矮化,感病植株一般只有健株高度的 40%～60%,棉纤维低产。

45. 何种棉田棉花曲叶病发生比较严重?

地势低洼,排水不良,土壤黏重、偏酸,多年重茬,土壤积累病菌多易发病。氮肥施用太多,生长过嫩,播种过密、株行间郁闭,肥力不足、耕作粗放、杂草丛生的田块易发病。高温、干旱、烟粉虱发生数量大发病重。

46. 如何防控棉花曲叶病?

棉花曲叶病主要由烟粉虱传播,因此棉田烟粉虱防治是降低该病害传播与危害的关键。烟粉虱的具体防治措施参考虫害部分。

迄今,棉花曲叶病没有有效地防治药剂,但一些农业措施可以减轻或预防病害发展:播种前或收获后,清除田间及四周杂草和农作物病残体,集中烧毁或沤肥;深翻地灭茬,促使病残体分解,减少病原和虫原。和非本科作物轮作,水旱轮作最好,减少土壤及农作物病残体传毒。选择远离烟粉虱与病毒病发生区域育苗,培育无虫无病育苗。施用腐熟的有机肥,适当增施磷、钾肥,加强田间管理,培育壮苗,增强植株抗病力,有利于减轻病害。及时防治害虫,减少植株伤口,减少病菌传播途径。发病时及时清除病叶、病株,并带出田外烧毁,病穴施药或生石灰。

三、棉花虫害及防治

1. 盲椿象有哪几种？

俗称小臭虫。在我国已发现有 20 多种,主要有绿盲蝽、中黑盲蝽、苜蓿盲蝽、三点盲蝽和牧草盲蝽等 5 种。其中,黄河流域棉区以绿盲蝽、中黑盲蝽、苜蓿盲蝽和三点盲蝽为主,长江流域棉区以绿盲蝽和中黑盲蝽为主,西北内陆棉区以牧草盲蝽与苜蓿盲蝽为主。

2. 怎样识别盲椿象？

(1)绿盲蝽　卵长茄形,初产白色,后变为浅黄色。初孵若虫短而粗,呈洋梨形,取食后呈绿色或黄绿色。五龄若虫体色鲜绿色,附有黑色细毛,触角比身体短。成虫体长 5～5.5 毫米,黄绿至浅绿色,雌虫稍大,全身被细毛。前胸背板绿色,翅膜质部暗灰色。

(2)中黑盲蝽　卵浅黄色,长形略弯。若虫头钝三角形,触角比体长,第一节棍棒状,橙黄色,足红色。成虫体长 6～7 毫米,体表被褐色绒毛,头红褐色,三角形。前胸背板有一条黑绿色带。

(3)苜蓿盲蝽　卵乳白色,颈部略弯曲。若虫特点为绿色而杂有明显黑点。触角比身体长。成虫体长 8～8.5 毫米,全体黄褐色,被细绒毛。触角比体长。前胸背板后缘有 2 个黑色圆点. 小盾片中央有 1 个"W"形黑纹。

(4)三点盲蝽 卵略弯,浅黄色。若虫体鲜橙黄色,被黑细毛,头褐色,触角第 2～4 节基部浅青色,其余褐红色。成虫体长6.5～7毫米,体褐色,被细绒毛。前胸小盾片与 2 个楔片呈明显的 3 个黄绿色三角形斑。

(5)牧草盲蝽 卵长圆形。若虫黄绿色,体背有 5 个黑色圆点。成虫体长 5.5～6 毫米,体绿色或黄绿色。前胸背板小盾片黄色,中央黑褐色内凹陷,呈"V"形。

3. 盲椿象怎样为害棉花?

盲椿象成若虫均能取食为害棉花。取食过程中,将口针插入棉花组织内刺吸,同时分泌"虫毒",从而造成组织坏死。主要症状包括:

(1)顶尖受害 棉苗真叶初现时,若生长点基部全部受害,受害部分将变黑焦枯,只留两片肥厚的子叶,称之为"公棉花"或"无头苗"。若真叶幼嫩部分受害,则端部枯死,主茎不能发育,而自基部生出不定芽,形成乱头棉花,称之为"破头疯"。

(2)叶片受害 嫩叶被害后,初呈现小黑点,随叶片长大,被害状由小孔变成不规则孔洞,这一症状称为"破叶疯"。

(3)蕾受害 现蕾后,为害使幼蕾脱落、烂叶累累、棉株疯长、侧枝丛生、棉铃稀少,形状有如"扫帚菜(地肤)",故称之为"扫帚苗"。小蕾被害,被害处出现黑色小斑点,

2～3 天全蕾变为灰黑色、干枯而脱落。幼蕾基部落痕很小,向外突出而呈凹凸不平或小瘤状,黑色;而自然脱落的落痕很大,凹陷,色浅。当大蕾被害后,除表现黑色小斑点,苞叶微微向外张开外,一般脱落很少。

(4)花受害　花瓣初现时,如花瓣顶部遭害,则花冠呈现黑色斑点,局部卷曲变厚,使花瓣不能正常开放。花瓣开放后,如花瓣中部或下部遭害,则呈现暗黑色的小黑点,严重时,黑点满布。雌雄蕊、花药、柱头受害后,即变黑或雄蕊脱落,只剩黑色的花药,严重时,全部变黑,只剩柱头。

(5)铃受害　幼铃遭害后,常黑点密集,一般黑点达铃面积1/5时,幼铃即行脱落或变黑僵死,吐絮不正常。中铃遭害后,受害处周围常有胶状物流出,局部僵硬,脱落很少。大铃遭害后,铃壳上有点片状黑斑,均不脱落。

4. 盲椿象喜好哪个生育期的植物?

寄主种类多达 50 多科 200 余种,包括棉花、玉米、绿豆、蚕豆等作物,枣、葡萄等果树,四季豆、扁豆和胡萝卜等蔬菜,紫花苜蓿、草木樨等牧草,以及蓬草和艾蒿等杂草。成虫具有明显的趋花习性,喜好取食处于开花阶段的植物,其季节性寄主转移基本按照各种寄主的开花顺序依次进行。如河南安阳地区,5 月份成虫开始向开花的豌豆、马铃薯迁移,6 月转向开花的草木樨等植物,7 月份迁向处于花期的大麻、蓬草等,8 月份则趋向于向日葵、蓖麻、大麻和葎草等植物,9、10月份荞麦、艾蒿、白蒿及一些其他菊科植物进入花期,成为其集中场所。

5. 盲椿象有哪些习性?

成虫取食、交尾、产卵等活动都主要在夜间进行。凌晨时分成虫翅膀上常沾有露水,不能正常飞行,主要在叶片表面活动。白天转移至棉花植株下或迁至棉田四周的杂草、树林中隐蔽起来。若虫白天大多藏于棉株叶背、蕾铃苞叶、花等隐蔽处,活动灵活,一旦受干扰,迅速转移。卵为散产,产卵的部位多样化,包括棉花小枝条、叶柄、蕾铃柄和苞叶基部等。卵常整个插入植物组织之中,仅留卵盖在植物表面。

6. 盲椿象如何越冬?

绿盲蝽以卵在棉花、果树、苜蓿等寄主的残茬、断枝切口处。中黑盲蝽以卵在棉花、苜蓿和杂草等寄主内过冬。苜蓿盲蝽以卵在苜蓿、杂草等茎秆内越冬。三点盲蝽以卵在果树等树皮疤痕或断枝的疏软部位内越冬。牧草盲蝽则以成虫在土缝、墙缝、各种杂草、植物枯枝残叶和树皮裂缝内越冬。

7. 长江流域棉区盲椿象有哪些季节性发生规律?

绿盲蝽一般1年发生5代。4月越冬卵孵化,在越冬场所附近的植物上生活。一代成虫羽化高峰在5月中下旬,羽化后即大量迁移到处于花期的蔬菜留种田或杂草上产卵繁殖,并部分迁移到棉田为害。二代成虫羽化高峰在 6 月下旬,羽化后全面迁入棉田。三、四代若虫主要在棉田危害,三代成虫在 7 月中下旬至 8 月上中旬羽化,四代成虫于 9 月中下旬羽化,随后大部分迁出棉田。五代成虫在 10 月中下旬至 11 月羽化后迁至越冬寄主上产卵越冬。

中黑盲蝽 1 年发生 4～5 代。4 月中旬开始孵化,4 月下旬至 5 月初为孵化盛期,若虫主要在越冬作物上生活。一代成虫 5 月中下旬迁入棉田或豆科植物、胡萝卜等作物上产卵繁殖。6 月下旬至 7 月上旬二代、8 月上中旬三代、9 月上中旬四代成虫集中在棉田产卵为害。四、五代成虫 9 月下旬至 11 月上旬在棉田及杂草上生活,产卵越冬。

8. 黄河流域棉区盲椿象有哪些季节性发生规律?

绿盲蝽 1 年发生 5 代。早春 4 月越冬卵孵化,4 月中下旬为为害盛期。一代成虫羽化高峰在 5 月下旬至 6 月初,羽化后即大量迁移到处于花期的寄主植物上产卵繁殖。二代成虫羽化高峰在 6 月中下旬,羽化后多迁入棉田。三代成虫在 7 月下旬至 8 月上旬羽化,四代成虫于 9 月初羽化。大部分成虫迁移到苜蓿、葎草、枣树、葡萄等寄主上产卵繁殖。五代成虫在 9 月底至 10 月上旬迁至越冬寄主上为害,产卵越冬。

中黑盲蝽 1 年发生 4 代。4 月中旬,越冬卵孵化,若虫集中在以小苜蓿、婆婆纳为主的杂草上为害，高龄若虫向邻近寄主扩散。5月上中旬，一代成虫羽化后迁入正值花期的小麦、蚕豆等冬播作物田间。5月底，直接转移到正处花期的杂草地或早棉田繁殖、危害。6月中下旬。二代成虫正逢羽化高峰期，大量迁入棉田，形成了棉田的第一次高峰和严重危害阶段。7、8月是三、四代盲蝽在棉田的发生高峰期。9月中旬后四代成虫迁向仍处花期的野生寄主上产卵越冬。

苜蓿盲蝽1年发生4代。4月上中旬前后在杂草和苜蓿等越冬寄主上孵化、取食，5月中旬开始羽化，5月底成虫直接转移到正处花期的杂草地或早棉田繁殖为害。第二代成虫羽化高峰期为7月上旬，成虫大量转入棉田为害。第三代、第四代成虫发生高峰期分别是8月上旬和9月上旬。这两代仍然主要为害棉花，至9月中旬成虫陆续迁出棉田，在晚秋继续开花的豆科和菊科杂草上产卵越冬。

三点盲蝽1年发生3代。越冬卵5月上旬开始孵化，若虫5龄，约经26天羽化为成虫。第一代成虫的出现时间大约6月下旬至7月上旬；第二代7月中旬；第三代8月中下旬。

9. 西北内陆棉区盲椿象有哪些季节性发生规律？

牧草盲蝽在南疆1年4代。3月中下旬温度9℃以上时，出蛰活动；5月中下旬出现第一代成虫和若虫，主要为害苜蓿和杂草,并开始少量向生长旺盛的棉田转移。第二代发生高峰期在 6 月中下旬至 7 月上旬,此时棉花进入现蕾盛期至开花期,为害后极易形成中空;第三代发生在 8 月上中旬,主要为害棉株中上部幼蕾,8 月中下旬迁飞到棉田外寄主;第四代若虫和成虫发生在 9 月中下旬,在苜蓿、油菜、杂草、枯枝落叶及土缝内越冬,对棉田无为害。

牧草盲蝽在北疆 1 年发生 3 代。以成虫在杂草残体和树皮裂缝中越冬,翌年 3～4 月份,日平均气温 10℃以上,相对湿度达 70% 左右时,越冬成虫出蛰活动,先在田埂杂草上取食,6 月中旬第一代成虫迁入棉田为害,7 月下旬第二代成虫达到为害盛期,8 月下旬出现第三代。9 月下旬后,成虫陆续迁飞到开花的杂草上产卵繁殖,蛰伏越冬。

苜蓿盲蝽在新疆 1 年发生 3 代。以卵在苜蓿和其他冬季绿肥地越冬。越冬卵于 5 月上旬始孵化,5 月下旬为孵化盛期;第一代成虫盛期 6 月上中旬,成虫羽化后迁入棉田;7 月中旬出现第二代若虫,7 月底至 8 月初二代成虫开始羽化;8 月上中旬迁出棉田;最后一代成虫于 9 月中旬前后在苜蓿和黄花苦豆子上产卵越冬。

10. 气候条件对盲椿象发生有哪些影响?

早春气温较高,越冬卵的发育整齐、速度快,有助于种群的快速增长;反之,种群的发生受到抑制。夏季持续高温,将导致其种群数量下降。与温度相比,降雨对其发生的影响更加明显。在多雨高湿的情况下,卵孵化率高,成若虫活跃,发生为害也较严重,因此盛发期连续降雨将显著增加其为害性。大雨之后,棉花植株易出现疯长现象,生出许多赘芽,无效花、蕾过多,植株含氮量高,有利于其繁殖为害。因此,在广大棉农中流传着"一场雨一场虫"的说法。

11. 何种棉田盲椿象发生比较严重?

粮棉、果棉、牧棉等混作模式在黄河流域与长江流域棉区普遍存在,这为其发生提供了充沛的食物资源,并有利于季节性寄主转移。因此,在生产上混作棉田发生为害通常比单作棉田更加严重。另外,一般高氮处理棉田发生为害比较严重;生长茂密、幼嫩枝条较多的植株含氮量偏高,易遭为害。

12. 盲椿象的防治应采取哪些策略?

根据其生物学习性与发生规律,在其防治中应采取如下策略:

(1)开展统防统治　成虫具有直接的为害性、较强的飞行扩散能力和在寄主植物和作物田块间转移能力,局部地块的防治对区域性种群控制影响不大,需采取大面积同步进行的"统防统治"。

(2)铲除早春虫源　越冬期和早春寄主阶段是其年

生活史最薄弱的环节,控制越冬和早春虫源是降低发生程度的重要手段。

(3)狠治迁入成虫　成虫具有较强的繁殖能力,卵小且产在植物组织中,待发现若虫为害时,往往已失去防治适期。而成虫刚刚迁入棉田是防治的最佳阶段,防治入侵成虫可以达到事半功倍的效果。

13. 如何压低盲椿象的越冬基数?

长江流域与黄河流域棉区可将棉株内的越冬卵随棉柴的清理带出田外,并应在翌年 3 月份之前处理掉。部分随枯枝落入棉田,可通过耕翻细耙将越冬卵埋入土下,减少有效卵量。此外,还应及时清除棉田、果园四周的杂草。新疆地区应彻底清除牧草盲蝽赖以越冬的杂草和枯枝烂叶,使其受到寒冷的侵袭,便可冻死。

14. 如何控制盲椿象的早春虫源?

早春寄主植物主要包括有果树、杂草和一些冬季作物、留种蔬菜等。对果树与冬季作物,可以采取栽培管理来消灭虫源。早春杂草寄主上虫源可以通过除草或使用杀虫剂来控制。

15. 如何通过作物布局减轻盲椿象为害?

尽可能使棉花、果树等同种作物集中连片种植,这样有利于较大范围内采取某些一致的防治措施。要避免棉花与苜蓿、向日葵、枣树等,或者果树与蔬菜、牧草等地毗邻或间作,以减少在不同寄主间交叉为害。

16. 如何通过棉花生长管理减轻盲椿象为害?

需及时打顶,促使棉蕾老化,减少为害。清除无效边心、赘芽和花蕾,减少虫卵。在花蕾期,根据植株长势还可喷施 1～2 次缩节胺,能缩短果枝,抑制赘芽,减少无效花蕾,甚至不须整枝,这样也能减轻发生为害。当棉株受为害而形成破叶疯或丛生枝时,往往徒长而不现蕾。应迅速采取措施,将丛生枝整去,每株保留 1～2 枝主秆,使植株迅速恢复现蕾。整枝工作应尽可能争取早作,以便使棉株有较充裕的补偿时间来挽回被害后的损失。

实施配方施肥,做到有机肥与无机肥实施相配合,增施生物肥料及微肥,减少氮肥用量,以防叶片徒长、组织柔嫩,植株体内碳水化合物骤增,从而提高植株的抗虫能力。

17. 如何种植利用植物诱集盲椿象?

绿盲蝽成虫偏好绿豆,于 5 月初在棉田一侧种植早播绿豆诱集带,优先种植在田埂侧,因为田埂上的很多杂草都是绿盲蝽的早春寄主,这样种植可以隔断绿盲蝽从田埂向棉田的扩散,减少棉田绿盲蝽的入侵量。自绿豆上发现绿盲蝽起,即每 10 天对绿豆诱集带进行 1 次农药喷施,以控制诱集带上绿盲蝽的数量,从而降低棉田绿盲蝽的发生、为害。另外,在棉田间作向日葵、蓖麻等也能有效地减轻绿盲蝽发生。

18. 如何采用隐蔽施药法防治盲椿象？

在棉花苗期、现蕾期,选用 40％乐果乳油等内吸性较强的药剂 200 倍液滴心,或按 1∶3～4 的比例与机油混匀后涂茎。这种方法对早期盲椿象有着很好的控制作用,是一种比较理想的预防措施。

19. 如何对苗床中盲椿象进行熏杀防治？

每 667 平方米使用 50％敌敌畏乳油 50～75 克,加水 0.75～1 升,拌细土 25 千克,于傍晚盖膜前撒入苗床,对二至四龄若虫防效在 98％以上。也可以在苗床挂一个蚕豆大小的敌敌畏棉球熏蒸。从第一次苗床揭膜通风时开始使用,2～3 天要求换 1 次,连续换 3～4 次,即可控制苗床"无头苗"的产生。

20. 如何对盲椿象进行化学防治？

二代（苗、蕾期）盲椿象的防治指标为:百株虫量 5 头,或棉株被害株率达 2％～3％;三代（蕾、花期）为百株有虫 10 头,或被害株率 5％～8％;四代（花、铃期）为百株虫量 20 头。化学防治最适龄期为二至三龄若虫高峰期。

每 667 平方米用 5％丁烯氟虫腈乳油 30～50 毫升,或 10％联苯菊酯 30～40 毫升,或 35％硫丹乳油 60～80 毫升,或 40％灭多威可溶性粉剂 35～50 克,或 45％马拉硫磷乳油 70～80 毫升,或 40％毒死蜱乳油 60～80 毫升对水 50～60 升喷雾。

21. 多雨季节防治盲椿象应注意什么？

盲椿象喜潮湿，连续降雨后田间常出现种群数量剧增，为害加重的现象。为此，在雨水多的季节，应及时抢晴防治，以免延误最佳防治时机。

22. 棉花蚜虫有哪几种？如何识别？

棉蚜又叫腻虫、蜜虫、蚁子、油虫在我国各地均有发生。我国棉花上主要有 7 种蚜虫，即棉蚜、棉长管蚜、苜蓿蚜、拐枣蚜、桃蚜、棉黑蚜和菜豆根蚜，棉长管蚜、拐枣蚜、棉黑蚜仅分布西北内陆棉区的新疆、甘肃等地，桃蚜、菜豆根蚜、苜蓿蚜在国内多个省区有分布。但除棉蚜以外，其他种类的发生程度普遍很轻。本书即以发生最广、为害最严重的棉蚜为例进行介绍，其他种类的防治可参照执行。

（1）棉蚜　干母体长 1.6 毫米，茶褐色，无翅。无翅胎生雌蚜体长 1.5～1.9 毫米，体色有黄、青、深绿、暗绿等，触角为体长的 1/2。复眼暗红色。腹管较短，黑青色。尾片青色，两侧各具刚毛 3 根，体表被白蜡粉。有翅胎生雌蚜大小与无翅胎生雌蚜相近，体色黄、浅绿色至深绿色。触角较体短，头胸部黑色，两对翅透明。卵长 0.5 毫米，椭圆形，初产时橙黄色，后变漆黑色，有光泽。无翅若蚜夏季黄至黄绿色，春、秋季蓝灰色，复眼红色。有翅若蚜夏季黄色,秋季灰黄色。

(2)棉长管蚜 又名"大棉蚜"。无翅孤雌成蚜:体长约3.7毫米,草绿色,有时淡红褐色,被蜡粉。头部中额瘤不显,额瘤显著外倾,呈"U"形。触角6节,稍长于身体,淡色。腿节顶端、胫节顶端和跗节黑色。腹管为长管形,长约1.5毫米,为体长的1/3以上,端部黑色。尾片圆锥形,长约为腹管的1/3。有翅孤雌成蚜:触角短于体长,第三节基部2/3处有小感觉圈10~20个。前翅中脉3支。

(3)苜蓿蚜 有翅胎生雌蚜:体长1.5~1.8毫米,翅展5~6毫米,黑绿色带有光泽;触角第三节有5~7个圆形感觉圈,排成一行;腹管较长,末端黑色。无翅胎生雌蚜:体长1.8~2毫米,黑色或紫黑色带光泽;触角第三节无感觉圈;腹管较长,末端黑色。

(4)拐枣蚜 体深绿色,被有蜡粉。触角6节,长度不及身体的1/2,第六节鞭部短于基部。腹管很短,长与宽相等。有翅孤雌蚜前翅中脉5支。

(5)桃蚜 有翅胎生雌蚜:体约2毫米,头部黑色,额瘤显著,并向内倾斜,复眼赤褐色。胸部黑色,腹部绿色、黄绿色或赤褐色。背面有淡黑色斑纹。腹管长圆筒形,端部色深,中、后部膨大,末端有明显的缢缩。尾片圆锥形,近端部缢缩,有侧毛3对。无翅胎生雌蚜:体长约2毫米,全体绿色,或樱红色,额瘤、腹管及尾片同有翅胎生雌蚜。

(6)棉黑蚜　又名紫团蚜。

①无翅孤雌成蚜　体长约2.1毫米,宽卵形,黑褐色,略被薄蜡粉,稍有光泽。头部黑色,触角6节,短于身体,第六节鞭部为基部的2倍以上。胸部有横斑,缘斑与中侧斑断续;足非全部黑色,有淡色相间。缘瘤位于前胸及腹部第一、七节背板。腹部1~6节背板各斑连成1个大黑斑。腹管长圆管形,由基部向端部渐细;尾片圆锥形,基部有时收缩,中部常收缩。

②有翅孤雌成蚜　触角第三节有感觉圈5~7个。前翅中脉3支。腹部背面有黑色斑纹。

(7)菜豆根蚜　又名"棉根蚜"。无翅孤雌蚜:体卵圆形,长1.8毫米,宽1.4毫米。乳白色或淡橘黄色,略被白蜡粉。体表光滑,密被短尖毛。额瘤不显,呈平顶状。触角粗短,较光滑。喙长锥形达后足基节,4~5节长为基宽3倍,足粗短。缺腹管。尾片小,半圆形,有短毛40根。有翅孤雌蚜:体长卵圆形,长2.1毫米,宽1.1毫米。额瘤不显。触角6节。喙达中足基节。翅脉、翅痣灰黑色,各脉有灰黑色窄晕,前翅径分脉可达翅顶,中脉单一,后翅有2肘脉。

23. 棉蚜怎样为害棉花?

成、若蚜都主要集中在棉叶背面或嫩头吸食汁液。苗期受害,棉叶卷缩,棉株生长发育缓慢,开花结铃推迟。蕾铃期受害,上部嫩叶卷缩,中部叶片出现油叶,叶表蚜虫排泄的蜜露常诱发霉菌孳生,严重时导致蕾铃脱落。

24. 棉蚜有哪些寄主植物？

寄主有 75 科 285 种。其中,越冬寄主(第一寄主)在我国主要有鼠李、花椒、车前草、苦菜、益母草等;侨居寄主(第二寄主、夏季寄主)包括锦葵科、葫芦科、豆科、马鞭草科和菊科等多种植物;主要栽培作物有棉花、瓜类、大豆、马铃薯和甘薯等。

25. 棉蚜有哪几种生活史类型？

有全生活史周期和不全生活史周期两种类型。大多数棉区为全生活周期,华南、西南部分地区两种生活周期都有,云南某些地区以不全生活周期繁殖。

(1)全生活史周期　冬季的卵在越冬寄主上越冬,翌年春天气温 6℃时开始孵化为干母,长江流域约在 3 月上旬,辽河流域约在 4 月间。12℃时开始出现胎生无翅雌蚜(干雌),干雌在越冬寄主上繁殖若干代后,产生有翅胎生雌蚜(迁移蚜)向棉苗及其他夏季寄主上迁飞,在其上以孤雌胎生方式产生侨居蚜(无翅或有翅胎生雌蚜),有翅者可再迁飞。侨居蚜繁殖若干代后,到晚秋,产生有翅性母,性母飞回越冬寄主上产生有翅雄蚜和无翅产卵雌蚜,雌、雄蚜交尾产卵。少数在棉株上产生有翅雄蚜,再飞到越冬寄主上与无翅产卵雌蚜交尾。

(2)不全生活史周期　以有翅胎生雌蚜和无翅胎生

雌蚜(成蚜和若蚜)在越冬寄主上越冬,棉苗出土后,有翅蚜迁飞到棉田扩散蔓延为害。这类生活周期的越冬寄主多为冬天植株的不枯老植物。

26. 棉蚜有哪几种繁殖方式? 繁殖能力有多强?

在绝大部分棉区有两种繁殖方式:一种是有性繁殖,即晚秋经过雌、雄蚜交尾产卵繁殖,一年中只发生在越冬寄主上;另一种是孤雌繁殖,即有翅胎生雌蚜或无翅胎生雌蚜不经过交尾,而以卵胎生繁殖,直接产生出若蚜,这种是棉蚜的主要繁殖方式。

在早春和晚秋气温较低时,10多天可繁殖1代。在气温转暖时,4～5天就繁殖1代。每头成蚜一生可产60～70头若蚜,繁殖期10多天,一般每天可产5头,最多可产18头。

27. 苗蚜、伏蚜有何区别?

苗蚜和伏蚜是棉蚜的两个生态型。棉花苗期,苗蚜发生,个体较大,深绿色,适应偏低的温度。当日平均气温达到27℃以上时,苗蚜种群显著减退。经过一定时间的较高温度,残存的零星棉蚜产出黄绿色、体型较小、在触角等形态上与苗蚜不完全相同的后代,这就是伏蚜。它在偏高的温度下可以正常发育繁殖。但是当气温升高到28.5℃～30℃,数量明显下降。另外,在8月份还偶有第三种生态型——秋蚜的发生。

28. 棉蚜有哪些季节性发生规律？

在黄河流域与长江流域棉区每年发生 20～30 多代，西北内陆棉区 16～20 代。以卵越冬。翌年春天气温上升到 6℃时开始孵化成为干母，12℃时开始出现干雌。后以迁移蚜向刚出土的棉苗和其他侨居寄主迁移，时间在 4 月下旬至 5 月上旬。迁移蚜胎生出侨居蚜，在棉花和其他侨居寄主上为害和繁殖，有翅蚜在田间迁飞扩散。晚秋气温降低，产生有翅性母飞回越冬寄主，产出有翅雄蚜和无翅产卵雌蚜（统称性蚜），交尾后产卵。黄河流域棉区苗蚜主要发生在 5 月中旬至 6 月中旬，伏蚜主要发生在 7 月中旬到 8 月中旬。

29. 天敌昆虫对棉蚜有多大的控制作用？

常见的捕食性天敌有瓢虫、草蛉、捕食性蝽类、食蚜蝇、草间小黑蛛等。寄生性天敌有蚜茧蜂、蚜跳小蜂、蚜霉菌等。如果平均每株蚜量/平均每株天敌总食蚜量＜1.67时，在 4～5 天内棉蚜将受到抑制；或天敌总数与棉蚜比例为 1：200 时，可以控制蚜量。

30. 气候条件对棉蚜发生有哪些影响？

性母向越冬寄主迁移期间，如气温较高、雨量适中，有利于其繁殖性蚜，且性蚜产的越冬卵量大。反之，则越冬卵量少。早春干母孵化期间，如气温偏高，有利于其存活、发育和繁殖，则 4 月份有翅蚜向棉田迁移较早且数量多。棉蚜特别是有翅蚜在雨水冲刷下种群数量明显减退。干旱气候有利于棉蚜增殖和扩散。但是高温、干旱或暴雨冲刷都对伏蚜有显著的抑制作用,而时晴时小雨的天气对伏蚜最为有利。

31. 怎样的棉田棉蚜发生比较严重?

一般一熟棉田棉蚜迁入较早,两熟棉田迁入较迟。两熟棉田中,蚕豆田较早,大麦、油菜田次之,小麦田最迟。一般认为,氮素含量高的棉株,棉蚜增殖率高;施基肥少,追化肥多的棉田,棉蚜多;施肥正常,棉株健壮的棉田棉蚜少。

32. 如何通过农业措施减轻棉蚜为害?

棉花与小麦套作,利用小麦蚜虫招引天敌,麦熟后麦蚜天敌转移到棉苗上控制棉蚜,在苗蚜发生期一般不打药就可控制为害。抗虫棉在伏蚜发生期基本上不用化学农药,利用田间天敌可基本控制伏蚜。棉田间种高粱,利用高粱蚜虫招引天敌,可有效控制棉田伏蚜。

33. 如何通过保护利用天敌控制棉蚜发生?

采取种子处理、挑治、滴心、涂茎等用药方法,并选择对天敌杀伤作用小的药剂品种,以减少或避免对天敌的伤害,促进天敌种群的增殖及其控害作用的增加。

34. 哪些种子处理方法能够防治苗蚜?

用棉花种衣剂进行包衣(具体用量和用法见各种种

衣剂使用说明书)或 10％吡虫啉可湿性粉剂 500～600 克拌棉种 100 千克防治苗蚜。

35. 怎样通过隐蔽施药来防治苗蚜？

在棉花苗期、现蕾期,选用 40％乐果乳油等内吸性较强的药剂 200 倍液滴心,或按 1：3～4 的比例与机油混匀后涂茎。这种方法对苗蚜有着很好的控制作用,是一种比较理想的预防措施。

36. 如何对棉蚜进行化学防治？

苗蚜在 3 叶期以前的防治指标是卷叶株率 20％。苗期棉花补偿能力强,苗情好的田块防治指标可适当放宽,苗情差的应严格一些。另外,天敌总量与棉蚜之比大于 1：250 时,应适当放宽;反之,要适当严格。瓢虫与棉蚜数量的比例大于 1：150 时,可暂不用药。

苗蚜在 3 叶期以后的防治指标是卷叶株率 30％～40％,且出现卷叶天数在 5 天以上。长势好的田块防治指标掌握在 40％左右,长势差的在 30％左右。瓢虫与棉蚜数量的比例大于 1：150 时,或天敌总量与棉蚜之比大于 1：100 时,可以暂不用药。伏蚜的防治指标是平均单株顶部、中部、下部 3 叶蚜量 150～200 头。

种子没处理的,在苗蚜或伏蚜达到防治指标时,每667 平方米用 10％吡虫啉可湿性粉剂 10～20 克或 20％啶虫脒 2～3 克或 20％丁硫克百威乳油 30～45 克对水 40

升左右喷雾,如蚜虫发生量较大,隔 10 天左右再喷 1 次。

37. 棉花叶螨有哪几种？如何识别？

又名棉红蜘蛛、"火龙"。我国为害棉花的主要有朱砂叶螨、截形叶螨和土耳其斯坦叶螨 3 种。

(1)朱砂叶螨 雌成螨体长 0.4～0.5 毫米,宽 0.3 毫米,椭圆形,体色常随寄主而异,多为锈红色至深红色,体背两侧各有 1 对黑斑,肤纹突三角形至半圆形。雄螨体型略小,体色较雌螨淡。卵球形,直径约 0.1 毫米,浅黄色,孵化前变为微红。幼螨有足 3 对。若螨有足 4 对,形态与成螨相似。

(2)截形叶螨和土耳其斯坦叶螨 外部形态与朱砂叶螨十分相似,肉眼或在扩大镜下也难以将它们区分开来,但通过做玻片标本在显微镜下观察雄虫,阳具有显著差别。

38. 棉叶螨怎样为害棉花？

朱砂叶螨以成、若、幼螨刺吸棉花叶片。从幼苗到蕾铃期都可为害。叶螨常聚集在棉花叶背。受害叶片正面现黄白斑,后变红。截形叶螨为害棉叶仅表现黄白斑,不出现红色斑。叶螨多时,叶背有细丝网,网下聚集虫体。受害叶干枯脱落,棉株枯死。中后期发生时,中下部叶片、花蕾、小铃脱落。

39. 棉叶螨有哪些季节性发生规律？

土耳其斯坦叶螨只在新疆棉区发生,其他棉区朱砂叶螨和截形叶螨混合发生,两者有时互为优势种群。

在北方棉区,以授精雌成螨在寄主植物枯枝落叶、杂草根际或土缝中越冬,翌年2月下旬开始出蛰活动,在早春寄主上取食并繁殖1~2代,5月下旬开始迁入棉田。6月上旬开始出现第一次螨量高峰,6月下旬出现第二次螨量高峰,7月下旬至8月初如雨季来临,雨水频繁,螨群密度骤降;如持续干旱,8月份仍可出现第三次螨量高峰,9月中旬后开始越冬。主要的越冬寄主有:婆婆纳、苍耳、艾蒿、苜蓿和刺槐等。

在南方棉区,种群消长除零星发生期比北方早20天左右外,其他各主要发生期均比北方要晚。除以成虫和卵在上述场所越冬外,若有气温升高天气时,可以在杂草、绿肥、蚕豆和豌豆等寄主上繁殖过冬。

40. 气候条件对棉叶螨发生有哪些影响?

发育最适温度为 25℃~31℃,最适相对湿度为35%~55%。高温干燥是棉叶螨可能猖獗发生的重要标志,天气干旱,高温低湿,则为害严重;而在高湿情况下,种群数量则很快消退。

一般说,南方棉区,5~8月份如有两个月降雨量都在100毫米以下,发生严重;北方棉区,一般6月上旬至7月上旬总降雨量在150毫米以上,发生中等或轻发生;6~7月总降雨量在100毫米以下,将发生严重。降雨量和降雨强度对田间数量消长有2种作用:一是影响田间的相对湿度,从而影响其生长发育与繁殖;二是暴雨能直接冲刷其各个虫态,特别是暴雨能把棉叶螨冲刷到地面,使其被泥浆黏结而死,或是把泥浆溅到叶背,使栖息在叶背的个体黏结而死。

41. 何种棉田棉叶螨发生比较严重?

前茬为豆科作物的棉田,棉苗受害均较重,麦茬棉或油菜茬棉受害较轻。在连续套种的棉田内,由于土地未经深翻,越冬基数大,从早春起就能大量繁殖,往往发生较重。

长势差的棉田水肥不足,营养缺乏,叶片内可溶性糖类较高;此外棉株瘦弱,荫蔽性差,体内外水分容易蒸发,而造成高温低湿的小气候条件;这些都有利于棉叶螨的繁育,所以受害较重。

42. 如何通过农业措施减轻棉叶螨为害?

晚秋和早春结合积肥铲除田埂、沟、渠、路边和田间杂草,可减少发生为害;秋耕冬灌或者稻棉轮作,压低越冬基数。棉田合理布局,避免与大豆、菜豆、茄子等寄主作物邻作和间套作。

43. 如何对棉叶螨进行化学防治?

点片发生时,采取点片挑治,即发现1株打1圈,发现1点打1片。连片发生时,选择专性杀螨剂进行全田药剂喷雾防治,可选用药剂有:73%炔螨特乳油 1 000～1 500

倍液,或 1.8%阿维菌素乳油 3 000～4 000 倍液,或 10%
浏阳霉素乳油 1 000 倍液,或 15%哒螨灵可湿性粉剂
2 500倍液。喷药应在露水干后或傍晚时均匀喷洒到叶背
面,不漏喷有螨株和叶片。

44. 如何识别烟粉虱?

成虫体长 1 毫米,黄色,翅白色无斑点,具白色细小
粉状物。若虫 3 龄,浅绿色至黄色,伪蛹略呈椭圆形或近
似圆形,长 0.5～0.8 毫米,有 2 根尾刚毛,蛹壳背面着生
毛刺、刚毛或乳头状突,也有表面光滑无刺或表面多皱纹
的。卵不规则散产于叶背面(少见叶正面),有光泽,长梨
形,有小柄,与叶面垂直,卵柄通过产卵器插入叶表裂缝
中。卵初产时浅黄绿色,孵化前颜色加深至深褐色。

45. 烟粉虱如何为害棉花?

主要通过吸食棉花叶片汁液,导致棉叶正面出现成
片黄斑,严重时导致棉株衰弱、蕾铃大量脱落,影响棉花
产量和纤维质量,造成棉花大幅度减产。成、若虫分泌的
蜜露,还可诱发煤污病,不仅影响叶片光合作用,还可导
致棉花品质下降。同时,还可传播棉花曲叶病等一些病
毒病。

46. 烟粉虱有哪些习性?

成虫具有趋黄性、趋嫩性,喜欢群集于植株上部嫩叶
背面取食和产卵。随着植株的生长,成虫也不断向上部

叶片转移,以致在植株上各虫态的分布就形成一定的规律:最上部的嫩叶,以成虫和初产浅绿色至淡黄色卵为最多,稍下部的叶片多为黄褐色的卵和初孵若虫,再下部为中、高龄若虫,最下部则以蛹最多。

若虫有 3 龄,浅绿色。一龄若虫具相对长的触角和足,较活跃,一般在叶片上爬行几厘米寻找合适的取食点,也可爬行到同一植株的其他叶片上,2~3 天蜕皮进入二龄。二至四龄若虫足和触角退化,固定在叶上不动,若虫期约 15 天。

47. 烟粉虱有哪些季节性发生规律?

(1)长江流域棉区 全年发生 11~15 代,世代重叠,于 7 月中、下旬在棉田出现,8 月上旬种群数量迅速上升,并在 8 月下旬出现全年的最高峰,有的年份在 9 月中下旬还会出现第二个小高峰,9 月下旬以后随着气温的不断下降与棉花的成熟,种群密度迅速下降,至 10 月上旬田间成虫消失。

(2)黄河流域棉区 全年发生 9~11 代,世代重叠,于 6 月中旬开始向棉田扩散,但在 7 月上旬以前发生量较小,一般不造成为害或为害较轻。7 月中下旬以后,大量迁入棉田,随着温度的升高种群数量迅速上升,分别在 8 月中下旬和 9 月中旬达到高峰,此时正值棉花开花盛期和棉铃膨大期,对棉花造成的损失极大。在棉田的为害一直续到 9 月底 10 月初,随着棉叶老化干枯而逐渐结束。

（3）西北内陆棉区　全年发生 6～10 代,世代重叠,主要以各个虫态在温室蔬菜及花卉上越冬为害,翌年 6 月初迁移到棉田内开始为害棉花,时间长达 120 天。6 月中旬至 7 月初虫口密度增长较慢,7 月下旬至 8 月中旬虫口密度达到高峰,造成巨大为害,9 月下旬随着棉花收获以及温室蔬菜、花卉的开始栽培,陆续向温室转移,进入越冬期。

48. 气候条件对烟粉虱发生有哪些影响?

温度 25℃～30℃ 是其发育、存活和繁殖的最适温度范围。高温对存活和产卵均有一定的抑制作用。在高温季节当相对湿度低于 20% 或高于 85% 对若虫的发育极其有害,卵和若虫发育的适宜湿度范围是 30%～70%。综合各种因素的分析,低湿、干燥利于烟粉虱发生为害。

降雨对其种群起着直接的影响。降雨强度愈大,降雨时间愈长,对成虫的冲刷和杀伤作用愈大。短时间的小阵雨对成虫数量影响不明显。

49. 为何棉田烟粉虱为害日益严重?

近年来,蔬菜、花卉等作物的播种面积大大增加,这些嗜好寄主与大田作物间作种植现象较普遍,为其周年繁殖为害提供了丰富的食料和栖息、繁殖场所,加重了发生为害。另外,我国北方日光温室和冬季加温大棚的数量和面积大幅度上升,增加了越冬场所,为棉田种群的暴发提供了充足虫源。

50. 如何控制烟粉虱的越冬虫源?

成、若虫抗寒能力较差,在北方寒冷地区的露地不能越冬,而是转移到保护地(温室)的作物和杂草上越冬。针对这一特点,在保护地秋冬茬尽量避免栽植黄瓜、番茄、茄子等喜食作物,栽培不喜好的半耐寒性叶菜如芹菜、生菜、韭菜等,从越冬环节切断自然生活史,减少虫源,减轻翌年为害。

51. 如何通过栽培管理减轻烟粉虱发生?

棉花苗床应远离温室,清除残株、杂草,熏杀残存成虫,控制外来虫源,如幼苗带虫应及早用药防治。在加强棉花促早栽培措施下,尽量避免棉花与瓜菜等作物大面积插花种植,也不要在棉田内套种或在田边种植瓜菜。同时,还要注意提高棉花中后期管理水平,及时修枝整枝,摘除棉花底部无效老叶,将布满害虫的枝叶带出棉田集中处理。清除棉田内外杂草,减少寄主源,以压缩棉田虫口数量。

要大量使用有机肥和生物菌肥,配合施用钾、氮、磷,促进棉花植株的正常健康生长。特别是要补施硅、钙肥,增加表皮细胞壁厚度及角质化程度,提高其抗逆性,抵抗侵食,减轻为害。

52. 如何对烟粉虱进行化学防治?

在若虫发生盛期,上、中、下 3 片叶总虫量达到 200 头时,用1.8%阿维菌素乳油2 000～3 000倍液,或10%吡虫啉可湿性粉剂2 000倍液,或25%噻嗪酮可湿性粉剂1 000～1 500倍液喷雾。

53. 棉花蓟马有哪几种? 如何识别?

主要有烟蓟马和花蓟马。前者又称葱蓟马、棉蓟马,后者又称台湾蓟马。(1)烟蓟马 成虫体长1～1.3毫米,体宽为体长的1/4,浅褐色。复眼红紫色。触角7节,黄褐色。翅浅黄色、细长、翅脉黑色。腹部圆筒形,末端较小。卵长为0.1～0.3毫米、肾脏形、乳白色。若虫形似成虫,浅黄色,无翅,复眼暗红色。

(2)花蓟马 雌成虫黄褐色,雄成虫淡黄色,体长1.3毫米左右。前翅淡灰色。卵初产时乳白色、略绿、肾形。若虫橘黄色到淡橘红色。伪蛹长1.4毫米,褐色。

54. 棉蓟马怎样为害棉花?

主要为害棉苗子叶、嫩小真叶和顶尖。小叶受害后生银白色斑块,严重时子叶枯焦萎缩。真叶被害后,发生黄色斑块,严重时枯焦破裂。未生出真叶前,顶尖受害后变成黑色并枯萎脱落,子叶变肥大,成为长不成苗的"公棉花"(即无头棉),不久死亡;若真叶出现后受害,会形成"多头棉",枝叶丛生,影响后期株型,导致减产;花、蕾严重受害时也可脱落。

55. 棉蓟马有哪些习性?

(1)烟蓟马 成虫活跃善飞,可借风力进行远距离飞行,对蓝光有强烈趋性。成虫多分布在棉株上半部叶上,怕阳光,白天多在叶背面取食,夜间或阴天时才在叶面活动。雌虫可行孤雌生殖,田间见到的绝大多数是雌虫,雄虫极少。成虫多产卵于寄主背面叶肉和叶脉组织内。1头雌虫每天可产卵10~30粒。一龄若虫多在叶脉两侧取食,体小色浅,不太活动;二龄若虫色稍深,易于辨别;二龄若虫老熟后即钻入土中蜕皮变成前蛹,几天后成伪蛹,最后羽化为成虫。

(2)花蓟马 雄成虫寿命较雌成虫短。成虫羽化后2~3天开始交配产卵,全天均进行。成虫有趋花性,卵大部分产于花内植物组织中,如花瓣、花丝、花膜、花柄,一般产在花瓣上。每雌产卵约180粒。产卵历期长达20~50天。

56. 棉蓟马有哪些季节性发生规律?

(1)烟蓟马 在各棉区均有分布,以北方棉区发生较重。在东北地区1年发生3~4代,华北地区6~10代,长江流域棉区以南10代以上。以蛹、若虫或成虫在棉田土壤、枯枝烂叶里或2厘米深的土里越冬。3~4月份在早春作物和杂草上活动,4月下旬至5月上旬陆续迁入棉田为害。黄河流域为害盛期一般在5月中旬到6月中旬,新疆为6月下旬到7月下旬。喜欢干旱,适宜温度为20℃~25℃,相对湿度40%~70%,春季久旱不雨即是大发生的预兆。另外,凡是靠近越冬场所或附近杂草较多的棉田、土壤疏松的地块、葱棉间作或连茬的棉田以及早播棉田，一般发生较重。

(2)花蓟马　分布遍及全国，主要在苏、皖、浙、鄂、湘等省。在南方1年发生11～14代，在华北、西北地区发生6～8代。以成虫在枯枝落叶层、土壤表皮层中越冬。翌年4月中下旬出现第一代。10月下旬、11月上旬进入越冬代。10月中旬成虫数量明显减少。世代重叠严重。每年6～7月份、8月份至9月下旬是为害高峰期。中温、高湿利于繁殖为害。棉豆套种、棉(油)菜套种、棉花绿肥套种，以及靠近绿肥、蚕豆、油菜田的棉田，发生为害重。

57. 如何通过农业措施控制棉蓟马发生？

冬、春季及时铲除田边、地头杂草，结合间苗、定苗拔除无头棉和多头棉。棉花定苗后，如出现"多头花"，应去掉青嫩粗壮蘖枝，留下2～3枝较细的黄绿色枝条，可以使结铃数接近正常棉株。

58. 如何对棉蓟马进行化学防治？

棉苗出土前，用40%辛硫磷乳油1 500～2 000倍液喷雾防治早春寄主蚕豆、葱、蒜田虫源。采用棉籽药剂拌种，具体配方可参见棉蚜部分。在直播棉田初期低龄若虫高峰期，可结合防治棉蚜兼治。蕾铃期用10%吡虫啉可湿性粉剂2 000倍液或1.8%阿维菌素乳油3 000～4 000倍液喷雾，也可在防治其他害虫时兼治。

59. 棉花叶蝉有哪几种？如何识别？

棉叶蝉有 10 多种，其中分布最广、为害最重的是棉叶蝉。棉叶蝉成虫体长 3 毫米左右（包括翅）。头、胸、腹黄绿色，前翅浅绿色，末端无色透明，有一明显黑圆点，这是棉叶蝉成虫的主要特征之一，后翅透明。雌虫较宽大，腹面末端中央有一黑褐色产卵器。卵长肾脏形，长约 0.7 毫米，宽约 0.15 毫米。初产时无色透明，孵化前为浅绿色。若虫共有 5 龄。一至五龄若虫体长依次为 0.8、1.3、1.6、1.9、2.2 毫米。

60. 棉叶蝉有哪些习性？

成虫常栖息在植株中上部叶片背面，受惊扰即迅速横行或斜走，或迅速飞走。天气晴朗、气温较高时，成虫活动频繁。卵多产于上部叶片背面的叶脉组织内，以中脉组织内较多。一至二龄若虫常群集于靠近叶片主脉的基部，停留在孵化处取食为害，三龄后迁移为害。棉株上的虫口数量以上部叶最多，中部次之，下部最少。

通过取食和传播病毒造成损害。成虫和幼虫在棉叶背面取食，使棉叶发生不同程度的缩叶。受害后，先是叶片尖端及边缘变黄，然后向叶中部扩展，渐变为鲜红色，叶缘向下卷缩，称为"缩叶病"，受害严重的棉叶由红变焦黑，全棉田像火烧一样，最后枯死脱落。严重受害的植株光合生理功能停滞，果枝瘦小短缩，成铃显著减少，对棉花产量和品质影响很大。

61. 棉叶蝉有哪些季节性发生规律？

棉叶蝉广泛分布于全国各棉区，以黄河流域棉区发生为害严重。在长江流域和黄河流域棉区均不能越冬。长江流域各地区发生代数差异很大，江苏南京 8～10 代，湖北武昌 12～14 代，以 7 月中旬至 9 月中旬为猖獗发生时期。黄河流域发生 6～8 代，每年迁入棉田的始见时间是 6 月下旬至 7 月上旬，为害盛期在 8 月上旬至 9 月下旬，10 月上中旬数量开始下降。如遇高温干旱繁殖量增加，为害加剧。

62. 如何通过农业措施控制棉叶蝉发生？

选用多毛的抗虫品种，集中连片种植，适时早播，合理密植，科学配方施肥，加强田间管理，促进棉株稳长、健壮，创造不利于发生的条件。同时，及时清除田间及田边杂草。

63. 如何对棉叶蝉进行化学防治？

防治指标为百叶虫量 100 头。在若虫盛发期，用 10%吡虫啉可湿性粉剂或 3%啶虫脒可湿性粉剂 2 500 倍液或 25%噻嗪酮可湿性粉剂 1 000 倍液喷雾。

64. 如何识别斑须蝽？

斑须蝽体长 8～13 毫米，宽 6 毫米，椭圆形，呈黄褐色或紫色,密被白绒毛和黑色小颗点,触角黑白相间,喙细长,紧贴于头部腹面。小盾片近三角形,末端钝圆、光滑、淡黄色。前翅革质部淡红褐至暗红褐色,膜质部透明,稍带褐色。卵长约1毫米,宽0.75毫米、初产淡黄色。后变赭黄色,卵壳有网纹,密被白色短绒毛。若虫略呈椭圆形,腹部每节背面中央和两侧均有黑斑。

65. 斑须蝽有哪些季节性发生规律?

1年发生1～4代。吉林为1代,辽宁、内蒙古、宁夏为2代,黄淮以南地区3～4代。以成虫在树皮下、墙缝、杂草中越冬,翌春日均温14℃～15℃时开始活动。在黄淮流域第一代发生于4月中旬至7月中旬,第二代发生于6月下旬至9月中旬,第三代发生于7月中旬一直到翌年6月上旬。后期世代重叠现象明显。

成虫行动敏捷,能飞善爬,多将卵产在棉株上部叶片正面或花蕾的苞叶上,呈多行整齐排列,每块10～20粒,最多40余粒,每雌卵量26～112粒,卵历期17℃～20℃时5～6天;21℃～26℃时3～4天。初孵若虫先聚集在卵壳上或卵块四周不动不食,需经2～3天蜕一次皮后才分散取食,若虫共5龄,完成一代历时40多天。成虫寿命12～14天,最长29天。气温24℃～26℃、相对湿度80%～85%有利其发生。成虫及若虫有恶臭,均喜群集于棉花幼嫩部分吸食汁液,自春至秋继续为害。

66. 如何防治斑须蝽？

（1）农业防治　搞好田间卫生，及时清除田间杂草和枯枝落叶，减少越冬虫口。在成虫发生时，利用其假死性，振动植株，落地后将其迅速捕捉杀死。

（2）化学防治　重点喷药防治成虫和一、二龄若虫。可供选用的药剂有 80％敌百虫可溶性粉剂，或 40％乐果乳油 1 000～1 500 倍液，或 48％毒死蜱（乐斯本）2 000 倍液，或 2.5％溴氰菊酯乳油，或 20％氰戊菊酯，或 2.5％功夫乳油 3 000～4 000 倍液等。

67. 如何识别黄伊缘蝽？

成虫体长 6.5～8.5 毫米，长椭圆形，浅橙黄色。触角 4 节，红色，第一节至第三节色较浅，前翅革片翅脉上散生 10 余个黑褐色斑点，革片前缘有 1 条不透明的红色狭条，其余部分半透明，浅黄色。腹背浅红色，两侧各有 1 列黑褐色小圆点。腹部腹面两侧各具 1 列黑色斑点，第三至第五腹节前缘中央各有 1 黑色斑纹。卵似肾形，横置，正面隆起，中央凹陷处两侧各有 1 向内弯曲的"〈"形紫褐色纹。初产时乳白色，中期金黄色，后期黄褐色。一龄若虫体长 1.2 毫米左右，卵形，头、胸初孵时红色，后变紫褐，腹部黄绿色，全身生有褐色绒毛。头顶中央两侧各具 1 枚长刺，腹部第 4 节背面中央有 1 赤黄色斑纹。5 龄若虫体长 4.6～4.9 毫米。头、胸褐色，腹部橙黄色或黄绿色。头、胸和翅芽有黑褐色颗粒状毛瘤。

68. 黄伊缘蝽有哪些习性？如何进行化学防治？

黄伊缘蝽成虫和若虫喜在嫩叶、蕾、花、嫩铃上吸食汁液，被害处呈现黄褐色小点，严重时可造成叶片破损、小蕾脱落等。以卵越冬。在为害较重时，可结合防治其他害虫时兼治。在低龄若虫期喷 2.5％功夫乳油 2 000～5 000 倍液、2.5％敌杀死（溴氰菊酯）乳油 2 000 倍液、10％吡虫啉可湿性粉剂 1 500 倍液。

69. 如何识别棉铃虫？

成虫体长 15～20 毫米，前翅颜色变化大，雌蛾多黄褐色，雄蛾多绿褐色。外横线有深灰色宽带，带上有 7 个小白点，肾形纹和环形纹暗褐色。卵直径 0.5～0.8 毫米，近半球形。初产时乳白色，近孵化时紫褐色。幼虫共6 龄，少数 5 龄或 7 龄。体色变化多，蛹长 17～20 毫米，纺锤形，5～7 腹节前缘密布比体色略深的刻点，尾端有臀刺 2 根。

70. 棉铃虫有哪些习性？

成虫多在夜间羽化，飞翔力较强，主要在夜间活动，一般有 3 次明显的飞翔时刻。第一次以 7 时半至 8 时 30 分最盛，此时边飞翔边取食，称为黄昏飞翔。第二次以 2 时至 2 时 30 分最活跃，主要是觅偶和交尾，称为婚飞。黎明前进行第三次飞翔，找寻隐蔽处所，称为黎明飞翔。日出后(大约早晨 6 时左右)停止飞翔活动,栖息于棉株或其他植物丛间。

初孵幼虫通常在中心生长点或上部果枝生长点取食,为害不明显;第三天脱皮;第四天即由生长点转移到幼蕾蛀孔为害。发育至三龄以后多钻入蕾铃为害。在蕾期,幼虫通过苞叶或花瓣侵入蕾中取食,虫粪排出蕾外,被害蕾蛀孔较大,直径约 5 毫米,被害蕾苞叶张开,变为黄绿色而脱落。在花期,幼虫钻入花中食害雄蕊和花柱后,又从子房基部蛀入为害,被害花往往不能结铃。在铃期,幼虫从铃基部蛀入,取食一至数室,虫体大半外露在铃外,虫粪也排出铃外。

幼虫老熟后吐丝堕地入土做土室化蛹。有的在枯铃或青铃内化蛹。雌虫蛹期一般短于雄虫,造成各代发生期雌性个体多于雄性。高峰期雌、雄个体的比例相近。

71. 棉铃虫有哪些季节性发生规律?

全年发生代数由北向南逐渐增多,西北内陆棉区 1 年大致发生 3 代,黄河流域棉区大部分为 4 代,长江流域棉区大部分为 5 代。其中,西北内陆棉区以二代为害较重,黄河流域棉区常年二、三代为害较重,长江流域棉区则三、四代为害较重。

黄河流域棉区以滞育蛹越冬,至 4 月中下旬始见成虫,一代幼虫主要为害小麦、豌豆、越冬豆科绿肥等。为害盛期为 5 月中下旬,5 月末大量入土化蛹。一代成虫始见于 6 月上旬末至 6 月中旬初,盛发于 6 月中下旬,主要为害棉花,其他寄主还有番茄、苜蓿等。幼虫为害盛期在 6 月下旬至 7 月上旬。二代成虫始见于 7 月上旬末至中旬,盛发于中下旬。三代幼虫主要为害棉花、玉米、豆类、花生、番茄等,三代成虫始见于 8 月上中旬,发生期延续的时间长。四代幼虫除为害上述作物外,还为害高粱、向日葵及苜蓿等豆科绿肥。部分非滞育蛹当年羽化,并可产卵、孵化,但幼虫因温度逐渐降低不能满足其发育而死亡。长江流域棉区四代成虫始见于 9 月上中旬,以五代滞育蛹越冬。

在新疆地区,越冬蛹 5 月开始羽化,一代成虫产卵高峰期南疆在 6 月上旬,北疆在 6 月中旬,主要产在胡麻、豌豆、早番茄、直播玉米等作物上,此外紫草、菲沃斯、曼陀罗上也有。二代产卵高峰南疆在 7 上中旬,北疆在 7 月中旬,主要产在玉米、棉花、番茄、烟草、辣椒等植物上,三代产卵高峰均在 8 月,主要产在玉米、烟草、棉花、晚番茄、高粱上。

72. 气候条件对棉铃虫种群发生有多大影响?

最适宜生长繁殖的温度为 25℃～28℃,相对湿度 70％～90％。耐干旱能力强,在干燥气候条件下存活率和繁殖率高,易引起暴发成灾。长江流域棉区遇到干旱气候也会大发生。大量降雨对卵和低龄若虫的存活率影响很大,高湿度的土壤中蛹将大批死亡或不能正常羽化,使种群数量锐减；同时，高湿常使存活下来的幼虫感染真菌性病害（如白僵菌病等）而死亡。

73. 转基因抗虫棉田棉铃虫防治有何注意事项？

抗虫棉的抗虫性前期较好，在一般年份能有效地控制住二代种群发生，基本无须其他防治；其后期抗虫性常有所下降，因此一些年份三四代棉铃虫需要补充其他措施进行防控。

74. 如何通过农业措施减轻棉铃虫为害？

选择种植通过审定的转基因抗虫棉品种。这些抗虫棉品种田间抗虫效率高、在棉花不同生长季抗虫性稳定，有利于控制棉铃虫发生。

棉花收获后清除田间棉秆、烂铃和僵瓣，开展深耕、冬灌，可消灭大量越冬蛹。在产卵期摘除边心，及时整枝打杈，并带出田外进行深埋，可明显减轻田间虫、卵量。另外，在棉田边或田间插花种植春玉米、高粱、留种洋葱、胡萝卜等作为诱集带，可诱集成虫产卵，再进行集中杀灭。

75. 如何利用生物农药来防治棉铃虫？

卵始盛期，每 667 平方米用 10 亿 PIB/克棉铃虫核型多角体病毒可湿性粉剂（NPV）80～100 克或 0.5％甲氨基阿维菌素苯甲酸盐微乳剂 20 毫升对水 40 升后喷雾。核多角体病毒首次施药 7 天后再施 1 次，使田间始终保持高浓度的昆虫病毒,效果较好;当虫口密度大、世代重叠严重时,宜酌情加大用药量及用药次数;同时,选择阴天或太阳落山后施药,避免阳光直射。

76. 如何对棉铃虫进行化学防治?

Bt 抗虫棉田可根据幼虫发生量确定防治指标,长江流域棉区为二代百株低龄幼虫 15 头,三、四代 8~10 头;黄河流域棉区为二代百株低龄幼虫 20 头,三代 15 头。非 Bt 抗虫棉可根据卵或幼虫量确定防治指标,长江流域棉区为二、三代当日百株有卵 30 粒,四代百株 30~50 粒;黄河流域棉区为二代百株累计卵量超过 150 粒或百株低龄幼虫 10 头,三代百株累计卵量 25 粒或百株低龄幼虫 5~8 头,四代低龄幼虫 8~10 头。

卵孵化高峰期可以喷施 2.5% 氟啶脲、氟虫脲乳油 1 000 倍液,幼虫高峰期可以喷施久效磷、灭多威、丙溴磷、高氯辛、辛硫磷和多杀霉素等 1 000~1 500 倍液。蕾铃期棉株高大,喷药应掌握保证棉叶正反面、顶尖、花、蕾、铃均匀着药,同时注意交替用药和轮换用药,施药后遇雨要及时补喷。

77. 怎样识别红铃虫?

成虫体长约 6.5 毫米,翅展约 12 毫米,灰棕褐色,前翅长尖叶形,背面灰棕褐色,有 4 条不规则的横纹,外缘有长缘毛,后翅菜刀状,银灰色,边缘有灰白色长缘毛。

卵长 0.4～0.6 毫米,形似米粒,表面有花生壳纹,初产乳白色,近孵化时深红色。初孵幼虫淡黄色微红;老熟幼虫体长 11～13 毫米,体表出现红斑,各节背面有 4 个小黑点,两侧各有 1 个,黑点周围红色,粗看全身呈红色。蛹长 5.5～8.5 毫米,尾尖,臀刺向上弯曲,四周着生暗褐色钩状刚毛 8 根。

78. 红铃虫有哪些习性?

成虫白天羽化,羽化后当天能交尾,交尾后第二天产卵,以第三天产卵最多。第一代成虫多将卵产于嫩叶、顶心、边心及蕾上,第二代成虫多产卵于青铃萼片与铃壳间、果枝上,第三代卵集中产在中上部青铃上。

第一代幼虫主要以蕾为食,幼虫全钻入蕾、花内,7 月中旬少数幼虫可为害早发棉田的青铃。初孵幼虫常在蕾顶钻入,蛀孔黑褐色,如针尖大小,周围也为黑褐色,常附有绿色细屑状虫粪。一般 1 头幼虫为害 1 个蕾,在蕾内蛀食花蕊,使较小的蕾不能开花而脱落。较大的蕾被害后,虽可以开花,但花冠发育不良,形成"虫花",花瓣被虫吐丝粘连,不能正常开放。有时花瓣虽能正常开放,但花蕊被虫丝粘成一小团或变黑褐色,幼虫潜伏在内,有时顺花柱而下,蛀食子房,造成花铃脱落。

第二代幼虫为害花蕾和青铃,但以青铃为主。蛀孔小而圆,针头大,蛀孔黑褐色。大部分幼虫从棉铃基部钻入,次为从铃室联缝处,少数由铃尖侵入。幼虫钻入铃壳后,常在铃壳与内壁间为害,致使铃壳内壁上造成水青色或黄褐色的痕纹,叫"虫道"。然后钻入棉铃内,在铃壳内壁上形成一个不规则的突起,叫"虫瘤"。被害棉铃如遇多雨遭病菌侵入,易引起烂铃,若雨水少,则造成虫僵花。此代幼虫老熟后,在铃壳上咬成一个羽化孔,幼虫绝大部分爬出钻入土中化蛹,也有少数在铃内孔旁化蛹,并吐丝将孔薄薄封住。部分幼虫随着籽棉带进仓库,而进入滞育。

第三代幼虫绝大多数集中生活于青铃上,由于青铃的食料中水分减少,脂肪增多,幼虫期亦因而延长,成熟后99%进入滞育。仅有少数在蕾和嫩铃上为害的幼虫羽化为第四代。

79. 红铃虫有哪些季节性发生规律?

在长江流域棉区发生频率高,一年发生3~4代。越冬代成虫羽化高峰一般出现在6月下旬至7月上旬。第一代卵散产于棉株顶芽附近的嫩叶上,产卵高峰出现在7月上中旬,卵期约6天。幼虫孵化后,以花蕾为食。第一代成虫在7月下旬到8月初进入高峰,此时棉花正进入开花高峰。第二代卵大部分产在棉株下部成长的青铃上,卵高峰期在8月中下旬,卵期4~5天。第二代幼虫主要取食棉铃,成虫在8月底到9月上中旬进入高峰。第三代卵于9月上中旬产于棉株中上部的棉铃上,卵期6~7天,幼虫为害棉铃。越冬幼虫最早于8月底左右出现,这些是属于第二代的少数幼虫。9月中旬以后大部分进入滞育状态越冬。越冬处所比较集中,从籽花里爬出潜入棉花仓库里越冬的幼虫占80%左右,棉籽里占15%左右,枯铃里占5%左右。

80. 如何通过农业措施控制红铃虫发生?

与棉铃虫防治一样,就是选择种植通过审定的转基因抗虫棉品种。

81. 如何对红铃虫进行化学防治?

棉田要根据产卵部位喷药,防治第二代要重点喷在下部青铃上,并兼顾上、中部花蕾,做到全株喷药。第三代防治,药液要集中喷在中、上部青铃上,对中部青铃喷头朝横向喷射,对上部青铃喷头应向下喷射。在非抗虫棉田,当日百株卵量第二代达40~70粒,第三代达100~200粒时,每667平方米用2.5%溴氰菊酯乳油25~30毫升加40%辛硫磷乳油50毫升对水50~70升,或每667平方米用2.5%高效氯氟氰菊酯水乳剂30~40毫升加48%毒死蜱乳油50毫升对水50~70升喷雾。

82. 如何识别斜纹夜蛾?

成虫体长16~21毫米,翅展37~42毫米,体灰褐色。前翅黄褐色至浅黑褐色,多斑纹,从前缘中部到后缘有一向外倾斜的灰白色宽带状斜纹(雄蛾斜纹较粗)。后翅无色,仅翅脉及外缘暗褐色。卵馒头形,直径约0.5毫米,表面有纵横脊纹,黄白色,近孵化时暗灰色。卵粒常 3～4 层重叠成块。卵块椭圆形,上覆以黄褐色绒毛。幼虫体色因龄期、食料、季节而变化。初孵幼虫绿色,二至三龄时黄绿色,老熟时多数黑褐色,少数灰绿色。亚背线上缘每节两侧各有 1 个半月形黑斑,在中、后胸半月形黑斑的下方有橘黄色圆点。老熟幼虫体长 38～51 毫米。蛹长 18～20 毫米,圆筒形,赤褐色,气门黑褐色。腹部第四至第七节前缘密布圆形刻点,末端有臀棘 1 对。

83. 斜纹夜蛾有哪些习性?

成虫白天不活动,黄昏后开始飞翔取食,多在开花植物上取食花蜜,然后才能交尾产卵。一般羽化后 3～5 天为产卵盛期,每雌可产卵 8～17 块,共 1 000～2 000 粒。卵块外有驼色绒毛,多产于高大茂密深绿的叶片背面,植株中部着卵较多。成虫对糖、酒、醋及发酵的胡萝卜、豆饼等有很强的趋性,对黑光灯趋性较强。

幼虫一般可分为 6 个龄期,少数 7 个或 8 个龄期。初孵幼虫群集在卵块附近取食,不怕光,稍受惊扰就四处爬散或吐丝飘散。一至二龄幼虫群集叶背面啃食,只留下上表皮,被害叶枯黄,极易在棉田中发现。三龄幼虫开始分散为害,在棉叶上形成许多不规则的破孔或缺刻,严重时将棉叶吃光,留下叶脉。花蕾和初开放的花朵被幼虫为害后,苞叶被啃成筛孔状,有时将蕾的大部分吃去,花冠被吃成残缺不全,且往往把柱头和雄蕊全部吃光。从五龄开始进入暴食阶段,大都傍晚开始为害。当食物缺乏时,老龄幼虫可成群爬迁为害附近的作物。

幼虫一生可食害花 20 朵以上,造成蕾花脱落。在棉花生长后期,幼虫又为害棉铃,幼铃被害后很容易脱落,大铃被害时,幼虫在铃上蛀洞,铃内纤维被吃空,同时蛀孔周围有很多虫粪,容易引起病菌侵入,造成棉铃的腐烂,影响产量和质量。幼虫有背光性,晴天白天躲在阴暗处很少活动,傍晚出来取食,至黎明躲藏,阴雨天也有少数爬上植株取食。幼虫老熟后入土造蛹室化蛹,一般在土下 3～7 厘米处。

84. 斜纹夜蛾有哪些季节性发生规律?

由北到南 1 年可以发生 4～9 代,世代重叠,无滞育现象。黄河流域棉区 1 年发生 4～5 代,长江流域棉区 1 年发生 5～6 代,云南、广东、福建和台湾等地可终年发生。以长江流域各省和河南、河北、山东等发生较重。每年 7～10 月份为其盛发期,长江流域多在 7～8 月份大发生,黄河流域则以 8～9 月份为重。以蛹和少量老熟幼虫在地下越冬。

85. 气候条件对斜纹夜蛾发生有哪些影响?

温度 28℃～30℃,相对湿度 75%～85%最利于发生为害。温度高于 38℃和南方冬季低温对卵、幼虫和蛹发育都不利。暴风雨对初孵幼虫有很强的冲刷作用。因此,在夏、秋季气候干燥、气温偏高、少暴雨的条件下,常猖獗发生。

86. 何种棉田斜纹夜蛾发生比较严重?

由于取食十字花科和水生蔬菜的斜纹夜蛾发育快,存活率、繁殖率高,靠近菜地的棉田往往受害严重。一般在密植、生长茂盛、浇水较多的棉田发生为害较重。

87. 如何减轻斜纹夜蛾发生?

(1)农业防治 卵盛发期,晴天上午 9 时前或下午 4 时后迎着阳光人工摘除卵块或初孵"虫窝",简便易行。

(2)生物防治 卵孵化盛期至低龄幼虫期,用 2 000IU/毫升苏云金杆菌 400 倍液或杀螟杆菌制剂或核型多角体病毒(NPV)400 倍液喷雾。

(3)化学防治 药剂防治幼虫必须掌握在未进入暴食期的三龄以前,消灭于未扩散的点片阶段。常用的药剂和用量如:4.5%高效氯氰菊酯乳油 1 500~2 000 倍液,或 10%虫螨腈可湿性粉剂 10 000~16 000 倍液,或 20%虫酰肼可湿性粉剂 2 500~3 000 倍液,或 2.5%多杀菌素可湿性粉剂 20 000~40 000 倍液以及 40%毒死蜱乳油 4 000 倍液等。

88. 如何识别甜菜夜蛾?

甜菜夜蛾又名贪夜蛾、玉米小夜蛾。成虫体长 8~10 毫米,翅展 19~25 毫米,灰褐色,头、胸有黑点。前翅中央近前缘外方有一肾形斑,内侧有一土红色圆形斑。后翅银白色,翅脉及缘线黑褐色。卵圆球形,白色,成块产于叶面或叶背,每块8～100粒不等,排为1～3层,因外面覆有雌蛾脱落的白色绒毛,不能直接看到卵粒。

幼虫共5龄,少数6龄,末龄幼虫体长约22毫米,体色变化很大,绿至黑褐色,背线有或无,颜色各异。腹部气门下线为明显的黄白色纵带,有时带粉红色,直达腹部末端,不弯到臀足上,是区别于甘蓝夜蛾的重要特征,各节气门后上方具一明显白点。蛹长10毫米,黄褐色,中胸气门外突。

89. 甜菜夜蛾有哪些习性?

成虫在夜间活动,对黑光灯有强趋性。卵多产在植物叶背面或叶柄部,初产卵为浅绿色,接近孵化时为浅灰色,平铺一层或多层重叠,有灰白色绒毛覆盖。每雌产卵1 000粒左右。

幼虫体色多变,但以绿色至褐色为主。初孵幼虫群集在棉叶背面,吐丝结网,先取食卵壳,后陆续从绒毛中爬出,群集啃食,一至二龄常群集叶片上为害,三龄开始分散为害,大量取食棉叶成孔洞或缺刻,严重发生时也为害棉蕾、棉铃和幼茎。幼虫有假死性,稍受惊扰,大多即卷成"C"形,滚落地面。幼虫畏强光,故常早、晚为害。阴天可全天为害。老熟后在疏松的0.5～5厘米土层内筑土室化蛹,土层坚硬时,可在土表植物落叶下化蛹。蛹期

7～11天。幼虫和蛹抗寒力弱。若冬季长期低温,越冬蛹死亡量大。

90. 甜菜夜蛾有哪些季节性发生规律?

在长江流域1年发生5～6代,少数年份发生7代,各代发生为害的时间为:第一代高峰期为5月上旬至6月下旬,第二代高峰期为6月上中旬至7月中旬,第三代高峰期为7月中旬至8月下旬,第四代高峰期为8月上旬至9月中下旬,第五代高峰期为8月下旬至10月中旬,第六代高峰期为9月下旬至11月下旬,第七代发生在11月上中旬,该代为不完全世代。一般情况下,从第三代开始会出现世代重叠现象。

91. 气候条件对甜菜夜蛾发生有哪些影响?

适温(或高温)高湿环境条件有利于生长发育。在田间发生的早晚,取决于1～3月份温度的高低,而每年6～8月份的降雨量和雨日数直接影响了夏季发生量,当旬100毫米以上降雨量保持的时间愈长,该虫发生量愈小,严重发生的时间愈短;反之,发生量愈大,严重为害的时间愈长。

92. 如何通过农业措施控制甜菜夜蛾发生?

秋末冬初耕翻可消灭部分越冬蛹。春季3～4月份除草,消灭杂草上的低龄幼虫。结合田间管理,摘除叶背面卵块和低龄幼虫团,集中消灭。

93. 如何对甜菜夜蛾进行生物防治？

卵孵化盛期至低龄幼虫期,每 667 平方米用 100～300 亿活孢子/克杀螟杆菌 50～100 克或 100 亿活孢子/克青虫菌粉 50～67 克喷雾。

94. 如何对甜菜夜蛾进行化学防治？

一至三龄幼虫高峰期,用 20％灭幼脲悬浮剂 800 倍液,或 5％氟铃脲乳油,或 5％氟虫脲水分散液剂 3 000 倍液喷雾。幼虫晴天傍晚 6 时后向植株上部迁移,因此应在傍晚喷药防治,注意叶面、叶背均匀喷雾,使药液能直接喷到虫体及其为害部位。

95. 如何识别棉大卷叶螟？

棉大卷叶螟又名棉卷叶螟、棉大卷叶虫、包叶虫、棉野螟蛾和棉卷叶野螟。除宁夏、青海、新疆未见报道外,其余省份均有分布,但以长江流域棉区发生频率较高。

成虫体长 10～14 毫米,翅展约 30 毫米,全体浅黄色,有光亮,触角鞭状,浅黄色,细长。全身花纹呈深褐色。前翅近基部有形似"OR"形纹。胸部背面有 12 个褐色点,成 4 行排列,腹节前缘有褐色带,雄虫腹部末端有 1 个深褐色点。卵椭圆形略扁,长约 0.12 毫米,宽约 0.09 毫米,初产时乳白色,后变浅绿色,孵化前呈灰色。老熟幼虫体长约 25 毫米,宽约 5 毫米。全身青绿色,体壁透明,头赤褐色,上有不规则暗色斑纹,前胸背板深褐色。越冬期老熟幼虫呈桃红色。蛹体长 12～13 毫米,细长,纺锤形,初化蛹时淡绿色,后变红褐色,腹部末端有刺状突起。

96. 棉大卷叶螟有何习性?

成虫活动时间主要在夜间 7 时至翌日凌晨 2 时,此时成虫飞翔、活动频繁,并交尾,白天活动减弱。羽化当天或翌日晚上即可交尾,交尾后 2～3 天开始产卵。卵主要分布于叶片主脉两侧,单个散产或多个排列呈条状,偶尔发现于叶柄、嫩枝、棉铃苞叶和卷叶内。

幼虫孵化后,多头聚集于一处,取食作物叶片背面叶肉,留下上表皮,呈白色薄膜状。幼虫三龄后食量大增,此时为害叶片,表现为缺刻症状。幼虫喜吐丝卷曲叶片,潜伏于卷叶内取食为害。低龄幼虫喜群集为害,三龄以后一般一张卷叶内仅留 1 头幼虫,且喜转移为害。五龄幼虫进入老熟时取食渐停止,蜕去一层皮即化成蛹。

97. 棉大卷叶螟有哪些季节性发生规律?

以老熟幼虫在棉田落铃落叶、杂草或枯枝树皮缝隙中做茧越冬,也有少数在田间杂草根际或靠近棉田的建筑物上越冬。1 年发生代数各地不一,辽河流域每年发生 3 代,黄河流域 4 代,长江流域 4～5 代,华南 5 代,台湾 6 代。长江流域棉区越冬幼虫于 4～5 月份化蛹变蛾。湖南第一代蛾在 4 月下旬开始羽化,盛期在 4 月底到 5 月初,末期为 5 月中旬;第二代蛾发生期为 6 月上中旬到 7 月初,第三代蛾发生期在 7 月上旬到 7 月下旬,第四代蛾发生期在 7 月底到 8 月下旬,第五代蛾发生期在 9 月初到下旬,10 月上中旬尚有少数第六代羽化。日平均气温下降至 16℃时开始越冬。第一代为害苘麻、木槿、蜀葵等植物,第二代开始为害棉花,并在其他寄主植物上继续为害。以 8～10 月份为害最重。

春夏干旱、秋季多雨年份发生重,靠近村庄、苘麻地和生长茂密的棉田受害严重。

98. 如何通过农业措施控制棉大卷叶螟?

棉田秋耕冬灌,清除枯枝落叶,铲除田间和田边杂草,可以减少越冬虫源。结合农事操作,人工摘除被幼虫卷起的棉叶,集中消灭,或在田间直接拍杀幼虫。

99. 如何对棉大卷叶螟进行化学防治?

用药剂喷洒木槿、芙蓉、蜀葵、苘麻等一代幼虫寄主植物,降低虫源基数。在幼虫初孵聚集为害尚未卷叶时,用 90% 敌百虫晶体 800～1 000 倍液,或 40% 辛硫磷乳油 1 000 倍液,或 0.3% 苦参碱水剂 1 000～1 500 倍液喷雾。棉田防治指标为百株低龄幼虫 30～50 头。

100. 棉造桥虫有哪几种? 如何识别?

棉造桥虫有 2 种:棉小造桥虫,又名棉夜蛾,俗名打弓虫;棉大造桥虫,又名棉叶尺蛾,俗名量地虫。棉小造桥虫除西北内陆棉区、新疆外,其他棉区均有分布,尤以长江流域和黄河流域棉区发生为害较重;棉大造桥虫在长江流域、黄河流域棉区均有发生,是一种间歇性、局部为害的杂食性害虫。

(1)棉小造桥虫 成虫体长 10～13 毫米,前翅外端暗褐色,有 4 条波纹状横纹,内端黄色。幼虫体色多为灰绿色或青绿色,有白色的亚背线、气门上线和气门下线。第三节腹足完全退化,仅留趾钩痕迹。胸足 3 对,腹足 3 对着生于 4～6 腹节上,尾足 1 对,第一至第三腹节常隆起呈桥状。蛹体型中等,赤褐色,头顶有一乳头状突起。卵扁圆形,青绿色,宽为高的 2 倍。

(2)棉大造桥虫 成虫体长 16～20 毫米,前翅暗灰色略带白色,中央有半月形白斑,外缘有 7～8 个半月形黑斑,连成一片。老熟幼虫体长 40 毫米,黄绿色,圆筒形,光滑,两侧密生黄色小点,有胸足 3 对,腹足 2 对,着生于第六腹节上,尾足 1 对。蛹长 14 毫米左右,深褐色有光泽,尾端尖,臀刺 2 根。卵长椭圆形,长 0.7 毫米,宽 0.4 毫米,青绿色,上有深黑色或灰黄色纹,卵壳表面有小凸粒。

101. 棉造桥虫有何季节性发生规律?

(1)棉小造桥虫 在黄河流域棉区 1 年发生 3～4 代,主要在 8～9 月为害,长江流域棉区 1 年发生 4～6 代,在 7～8 月为害。主要以老熟幼虫在寄主或棉柴堆向阳处吐丝作茧化蛹越冬。第二代至第五代均为害棉花。成虫有较强的趋光性,对杨树枝把也有趋性。每头雌蛾可产卵200~1 000粒,卵散产,大多产于棉株中下部叶片的背面。初孵幼虫喜爬行,行走时似拱桥状,有吐丝下垂习性,常随风飘移转株为害。一至二龄幼虫主要为害中下部叶片,三至四龄转移到棉株上部咬食棉叶、蕾、花和幼铃。棉田内老熟幼虫常在蕾铃苞叶间吐丝化蛹。7~9月份雨水多,有利于发生为害。

(2)棉大造桥虫　在长江流域棉区1年发生4~5代,每世代历期约40天,末代幼虫10月上旬开始入土化蛹越冬,翌年3月中下旬开始羽化,成虫羽化后1~3天交尾,1~2天后产卵,卵散产在土缝或土面,也可产在屋檐瓦缝或柴草上,卵壳厚而坚韧,对潮湿抵抗力极强,可借流水传播蔓延。每头雌蛾可产卵200~1 000多粒。初孵幼虫能吐丝随风飘移,幼虫期行走如拱桥形,行动不甚活泼,常装成嫩枝状。第一代主要为害豆类,第二代为害棉花,第三代由于气温炎热干燥发生不太严重,第四代一般在棉田内发生量增加。幼虫为害主要咬食棉叶,有时为害花蕊,影响结铃。受害严重田块,叶片常被吃光。棉花大豆间作的棉田发生重。

102. 如何对棉造桥虫进行化学防治?

孵化盛期末至三龄盛期,当百株虫量达到100头时,用40%辛硫磷乳油1 000倍液或2.5%溴氰菊酯乳油1 500~2 000倍液均匀喷雾。

103. 如何识别玉米螟?

成虫体长 13～15 毫米,翅展 22～35 毫米,黄褐色。雌蛾体粗壮,前翅鲜黄,翅基 2/3 处具棕色条纹及 1 个褐色波纹状线,外侧具黄色锯齿状线。雄蛾瘦小,翅色较雌蛾略深,头、胸、前翅黄褐色,胸部背面浅黄褐色。卵粒扁平,椭圆形,一般 20～60 粒产在一起成不规则鱼鳞状卵块。幼虫共 5 龄,老熟幼虫体长 20～30 毫米,体色深浅不一,多为浅褐色或浅红色,背部略带粉红色,头褐色有黑点。蛹长 15～18 毫米,纺锤形,黄褐色至红褐色。

104. 玉米螟有哪些季节性发生规律?

主要在长江流域棉区发生,1 年 3～4 代。以老熟幼虫在晚玉米的秸秆或其他寄主的茎秆内越冬,5 月上旬化蛹,5 月底 6 月初羽化。第一代幼虫主要为害春玉米,以后各代成虫的盛发期分别为 7 月中旬,8 月上中旬和 9 月上旬。第二代开始为害棉花。产卵于棉株中下部叶片背面。初孵幼虫为害棉株时,先在嫩头下或上部叶片的叶柄基部或赘芽处蛀入,使嫩头和叶片凋萎。叶片枯死后幼虫向主茎蛀食,蛀入孔处有蛀屑和虫粪堆积,蛀孔以上的枝叶逐渐枯萎,如遇大风,棉株上部折断,对棉株损伤最大。青铃出现后幼虫转害青铃,常从青铃基部蛀入,蛀孔外有大量潮湿的虫粪,引起棉铃腐烂,造成严重损失。

105. 如何对玉米螟进行化学防治?

卵孵化初期至盛期,用 25%灭幼脲悬浮剂 600 倍液,或 40％辛硫磷乳油 1 500 倍液,或 48％毒死蜱乳油 1 500 倍液喷雾,将害虫控制在钻蛀棉株或棉铃前。麦套棉田可在麦收前结合防治蚜虫兼治玉米螟,防止向棉花上的转移。

106. 如何识别棉尖象?

棉尖象甲又名棉象鼻虫、棉小灰象甲。成虫体长 4～5 毫米,雌虫较肥大,雄虫较瘦小。体和鞘翅黄褐色,鞘翅上具褐色不规则云形斑,体两侧、腹面黄绿色,具金属光泽。触角弯曲呈膝状。卵长约 0.7 毫米,椭圆形,有光泽。幼虫体长 4～6 毫米,头部、前胸背板黄褐色,体黄白色,虫体后端稍细。裸蛹长 4～5 毫米,腹部末端有 2 根尾刺。

107. 棉尖象有哪些季节性发生规律?

在南北棉区均 1 年发生 1 代,大多以幼虫在玉米、大豆根部的土壤中越冬。北方棉区越冬幼虫在 5 月下旬至6 月初化蛹,6 月上中旬羽化出土,为害棉花,盛期为 6 月底 7 月上旬,以后转移到玉米、谷子田中。

幼虫在土中以作物嫩根和土中腐殖质为食,秋季下移越冬。只有成虫为害棉花嫩苗,一株上多则可群聚十几头甚至数十头。成虫啃食棉叶,造成孔洞或缺刻;咬食嫩头,造成断头棉;为害幼蕾和苞叶,严重时可造成大量脱落,对产量有明显影响。成虫喜在发育早、现蕾多的棉田为害。具避光、伪死和群迁习性。还喜欢群聚于草堆和杨树枝把里面。在温度高、湿度大的环境下,幼虫化蛹和成虫羽化相应提前。棉花的前茬为玉米或黄豆时虫量大、受害重。

108. 如何人工捕捉棉尖象?

利用成虫假死性,黄昏时一手持盆置于棉株下方,一手摇动棉株,使其落入盆中,集中杀灭。

109. 如何对棉尖象进行化学防治?

百株虫量达 30～50 头时,选用 40%辛硫磷乳油 1 000 倍液或 0.5%甲氨基阿维菌素苯甲酸盐微乳剂 2 000 倍液喷雾,或用 40%乙酰甲胺磷乳油按药土比 1：150 配成毒土,每 667 平方米撒毒土 30 千克。虫量大的田块,成虫出土期在田间挖 10 厘米深的坑,坑中撒施毒土,上面覆盖青草,翌日清晨集中杀灭。

110. 棉田金刚钻有哪几种? 如何识别?

金刚钻种类很多,有鼎点金刚钻、翠纹金刚钻和埃及金刚钻等种类。鼎点金刚钻在全国各棉区均有发生,其中以长江流域和黄河流域棉区发生最为普遍,为害最重。翠纹金刚钻主要分布于长江流域棉区。埃及金刚钻主要分布在原先的华南棉区,在现有的三大棉区中不常见。

(1)鼎点金刚钻　成虫体长 6～8 毫米,翅展 16～18 毫米。下唇须、前足跗节及前翅缘基均为梅红色,前翅黄绿色,外缘角橙黄色,外缘波状褐色,翅上具鼎足状 3 个小斑点。卵鱼篓状,蓝色,指状突起灰白色,上部棕黑色。末龄幼虫体长 10～15 毫米,浅灰绿色,第二至第十二节各具枝刺 6 根,腹部第八节灰色且大。蛹长7.5～9.5 毫米,赤褐色,肛门两侧具突起 3～4 个。

(2)翠纹金刚钻 成虫体长 9～13 毫米,翅展 20～26 毫米。前胸背草绿色,正巾有一白纵纹,前翅桨状,前后缘呈较宽的白条斑,其间形成草绿的窄三角形。

(3)埃及金刚钻 成虫体长 7～12 毫米,翅展 20～26 毫米。前翅桨状,绿色。前横纹与亚横纹为"w"形,亚横纹中间不连接,后横纹"V"形,色皆暗绿。在前后横纹之间,有一暗色斑点于中室。

111. 鼎点金刚钻有哪些习性?

成虫昼伏夜出,有趋光性。黄昏时开始活动,取食胡萝卜、向日葵、玉米雄穗等处的花蜜并交尾。成虫主要产卵于棉株顶部嫩叶上(蕾期)以及顶心、果枝顶端(花铃期),产卵历期为 3～9 天。

幼虫一般有 5 个龄期,每个龄期 2～3 天。初孵幼虫主要取食棉花嫩头、嫩叶,稍大即蛀食花、蕾和幼铃。幼虫可吐丝下垂转移为害,尤以三龄前转移频繁,取食量虽少,但破坏性很大,三龄以后的活动范围较小,食量大,但破坏性反而小。老熟后多选择蕾、铃、苞叶内化蛹,也有少数在棉叶背面和烂铃缝隙间化蛹的。幼虫一生可为害

20 多个花蕾。幼铃被害后虽不脱落,但因纤维被害而降低了产量和品质,且许多病菌易从蛀孔侵入造成烂铃。金刚钻的蛀孔多位于蕾铃基部,一般要比红铃虫的蛀孔大,又比棉铃虫、玉米螟的蛀孔小,在蛀孔的四周堆集有黑色虫粪,这是识别其为害的主要特征。

112. 鼎点金刚钻有何季节性发生规律?

在黄河流域棉区每年发生 2～4 代,长江流域棉区每年发生5～6 代,华南棉区每年发生 7～8 代。以蛹在土中越冬。黄河流域棉区每年有 3～4 个高峰,分别在 6 月上旬、7 月上旬、8 月上旬、9 月上旬为害,其中尤以 7～8 为害较重。

雨水均匀,雨量适中,对其发生有利;大雨则对成虫产卵和初孵幼虫生存不利。发育最适温度为 25℃～27℃,相对湿度 80％以上。早播、早发或贪青晚熟的棉田,常常为害较重。

113. 如何通过农业措施控制鼎点金刚钻?

冬季清除棉柴、落叶和落铃,消灭越冬蛹。及时打顶、抹赘芽、去无效花蕾可直接消灭部分卵和低龄幼虫。结合根外追肥,喷施 1％～2％过磷酸钙浸出液,具有驱避作用,可减少田间落卵量。利用成虫喜在锦葵、蜀葵上产卵的习性,在棉田周边种植诱集植物,引诱成虫产卵后集中杀灭。

114. 如何对鼎点金刚钻进行化学防治?

当百株有卵 20 粒或嫩头受害率达 3‰时,每 667 平方米用 40%辛硫磷乳油或 48%毒死蜱乳油或 0.3%苦参碱水剂 1 000 倍液喷雾。或每 667 平方米用 80%敌敌畏乳油 80 毫升对水 2 升,拌细土 20 千克,于傍晚撒在已封行的棉田中。

115. 如何识别美洲斑潜蝇?

成虫体长 2 毫米左右,雌虫比雄虫略大,复眼、单眼三角区、后头及胸、腹背面为黑色,其余部分及小盾板基本为黄色。卵半透明,椭圆形,长为 0.2~0.3 毫米,宽为 0.1~0.15 毫米。幼虫为无头蛆状,初孵幼虫色淡,渐变为黄色至鲜黄色。老熟幼虫体长约 2 毫米,最大不超过 3 毫米,蛹长 1.3~2 毫米,鲜黄色至橙黄色。

116. 美洲斑潜蝇有哪些习性?

成虫、幼虫均可为害。雌成虫飞翔将叶片刺伤,进行取食和产卵,幼虫潜入叶片和叶柄为害,产生不规则蛇形白色虫道,叶绿素被破坏,影响光合作用,受害重的叶片脱落,造成花、蕾和铃被灼伤,不能正常生长发育,严重的造成毁苗。美洲斑潜蝇发生初期虫道呈不规则线状伸展,虫道终端常明显变宽,区别于番茄斑潜蝇。受害田块受蛀率 30%~100%,减产 30%~40%,为害严重时可造成绝收。

117. 美洲斑潜蝇有哪些季节性发生规律？

美洲斑潜蝇寄主广泛,适应性强,可为害蔬菜、棉花等作物。在河南省洛阳市每年发生 9～10 代,其中露地年发生 8～9 代,保护地 1～2 代。3 月中旬之后在保护地为害,露地 4 月中旬后开始活动,6 月中下旬始见为害。6 月份种群密度一直很低,百叶虫量 3.5 头。6 月份以后虫量开始上升,为害加重,8 月初至 9 月下旬温度最适,每 20 天可发生 1 代,并世代交替,11 月中下旬温度下降到 15% 左右,为害停止。影响棉田美洲斑潜蝇种群发生消长的主要因素是寄主、气候、播期和天敌,尤其以前两者的影响最大。降雨不利于其幼虫生长和发生。一般来讲,7～9 月份适温干旱发生重,低温多雨发生轻。由于冬季斑潜蝇不能在田间越冬,11 月份后各种斑潜蝇转入蔬菜大棚为害。

118. 如何防治美洲斑潜蝇？

(1)农业防治　调节作物种植布局,与该虫不为害的作物合理套种或轮作;适当疏植,增加田间通透性;收获后及时清洁田园,及时摘除销毁虫叶;零星发生时,也可摘除虫叶,压低虫源基数。

(2)化学防治　在受害作物每叶片有幼虫 5 头时,掌握在幼虫二龄前(虫道很小时),于 8～11 时露水干后,幼虫开始到叶面活动或老熟幼虫多从虫道中钻出时,可喷洒 25％斑潜净乳油 1 500 倍液,或 48％毒死蜱 1500 倍液,或 98％巴丹原粉 1 500 倍液,或 1％~8％爱福丁乳油 3000 倍液,或 5％顺式氰戊菊酯乳油 2 000 倍液,或 25％杀虫双水剂 500 倍液,或 98％杀虫单可溶性粉剂 800 倍液,或 1％增效 7051 生物杀虫素 2 000 倍液,或 44％速凯乳油1 000~1 500 倍液。防治时间掌握在成虫羽化高峰的 8~12 时。

寄生性天敌蜂类对美洲斑潜蝇有一定的控制作用。因此,选用高效、低毒、低残留农药合理交替使用,可达到保护天敌和控制害虫的双重作用。

119. 棉田地老虎有几种？如何识别？

有小地老虎、黄地老虎和大地老虎,前 2 种为害较重。

(1)小地老虎 成虫体长 17~23 毫米,灰褐色,前翅有肾形斑、环形斑和棒形斑。肾形斑外边有一明显的尖端向外的楔形黑斑,亚缘线上有 2 个尖端向里的楔形斑,3 个楔形斑相对,易识别。卵半球形,约 0.5 毫米大小,有很多纵纹和横纹。初产卵为浅黄色,孵化前呈灰褐色。老熟幼虫体长 37~50 毫米,头部褐色,有不规则褐色网纹,臀板上有 2 条深褐色纵纹。蛹长 18~24 毫米,宽 8~9 毫米,赤褐色,腹部第四至第七节背板前端各有 1 列黑条,尾端黑色,有刺 2 根。

(2)黄地老虎 成虫体长 14~19 毫米,前翅黄褐色,有 1 个明显的黑褐色肾形斑和黄色斑纹。卵淡黄褐色，上有淡红晕斑,孵化前黑色,形状和小地老虎的相似。老熟幼虫体长 33～45 毫米,头部深黑褐色,有不规则的深褐色网纹。臀板有 2 大块黄褐色斑纹,中央断开,有分散的小黑点。蛹体长 16～19 毫米,红褐色,腹部末端有粗刺 1 对,第五至第七腹节背面中央有许多小刻点。

（3）大地老虎　成虫体长 25～30 毫米,翅展 52～62 毫米,前翅前缘棕黑色,其余部分灰褐色,有棕黑色的肾状纹和环形纹。卵和小地老虎的相似。老龄幼虫体长 41～60 毫米,体宽 8～9 毫米,黄褐色,体表多皱纹,臀板深褐色,满布龟裂状纹。蛹腹部末端有 1 对刺,第四腹节背面的刻点明显,第五至第七腹节背面及侧面前缘的刻点较大、稀、浅。

120. 地老虎有哪些习性?

卵多散产,产卵量可达千粒以上。初孵幼虫啃食叶肉留下表皮,形成天窗式被害状。龄期稍大的可咬成小洞和缺口,还可为害棉花嫩头生长点,形成"多头棉"。大龄幼虫可咬断主茎,形成缺苗断垄,严重时造成成片缺苗。幼虫白天潜伏在棉苗附近表土下,夜间出来为害。老熟幼虫一般在土中做土室化蛹。成虫有较强的趋光性和趋蜜糖习性。一般低洼地、黏壤土和杂草多的地块发生重。

121. 地老虎有哪些季节性发生规律?

(1)小地老虎　分布在各棉区,但西北内陆棉区不在棉田内为害。在黄河流域棉区年发生 3～4 代,长江流域棉区 4～6 代,以幼虫或蛹越冬,1 月份平均气温 0℃的地区不能越冬。在黄河流域棉区北部即不能越冬,早春虫源是从南方远距离迁飞来的。卵产在土块、地表缝隙、土表的枯草茎和根须上以及棉苗和杂草叶片的背面。一代卵孵化盛期在 4 月中旬,4 月下旬至 5 月上旬为幼虫盛发期,阴凉潮湿、杂草多、湿度大的棉田虫量多,发生重。

(2)黄地老虎　主要分布在西北内陆棉区和黄河流域棉区,在西北内陆棉区年发生 2～3 代,黄河流域棉区 3～4 代,以老熟幼虫在土中越冬,翌年 3～4 月份化蛹,4～5 月份羽化,成虫发生期比小地老虎晚 20～30 天,5 月中旬进入一代卵孵化盛期,5 月中下旬至 6 月中旬进入幼虫为害盛期。只有第一代幼虫为害棉苗。一般在土壤黏重、地势低洼和杂草多的棉田发生较重。

(3)大地老虎　与小地老虎分布基本一致,两者通常混合发生。在我国年发生 1 代,以幼虫在土中越冬,翌年 3～4 月份出土为害,4～5 月份进入为害盛期,9 月中旬后化蛹羽化,在土表和杂草上产卵,幼虫孵化后在杂草上生活一段时间,然后越冬,其他习性与小地老虎相似。

122. 如何通过农业措施防治地老虎?

(1)清园灌水　播种前清除田内外杂草,将杂草沤肥或烧毁。或在田埂上铲埂除蛹。在有苗期浇水习惯的地区,可结合苗期浇水淹杀部分幼虫。

(2)诱杀　成虫发生期用频振式杀虫灯、黑光灯、杨树枝把、新鲜的桐树叶和糖醋液(糖∶醋∶酒∶水为6∶3∶1∶10)等方法可诱杀成虫。

幼虫发生期,用90%敌百虫晶体100克对水1升混匀后喷拌在5千克炒香的麦麸或砸碎炒香的棉籽饼或铡碎的青鲜草上,配制成毒饵,傍晚顺垄撒施在棉苗附近可诱杀幼虫。

123. 如何对地老虎进行化学防治?

防治适期和防治指标可根据当地具体情况,分别按照田间卵孵化率为80%左右、幼虫二龄盛期或棉田平均每平方米有虫或卵0.5头(粒)、新被害株5%左右、或100株有虫2~3头,作为防治指标。防治关键是掌握在三龄幼虫以前,因为此时幼虫昼夜在地面以上活动,食量小,对药剂敏感;三龄后幼虫昼伏夜出,食量增大,抗药力增强。推荐在低龄幼虫发生期,用90%敌百虫晶体1 000倍液,或40%辛硫磷乳油1 500倍液,或20%氰戊菊酯乳油1 500~2 000倍液喷雾。

124. 棉田蜗牛有哪几种?如何识别?

主要有同型巴蜗牛和灰巴蜗牛。卵圆球形,白色有光泽,直径1~1.5毫米。卵粒间有胶状物黏接,形成

10～40 粒卵堆。成贝壳高 20 毫米,宽约 21 毫米,纵长约 23 毫米,口径约 13 毫米。壳呈黄褐色,壳顶浅黄色,有光泽,壳表螺纹顺时针方向排列。爬行时体长 30～36 毫米。幼贝壳直径约 1.8 毫米,宽约 1.3 毫米,初孵时壳薄,半透明,浅黄色,可隐约看到壳内肉体。肉体乳白色,带斑纹。

125. 蜗牛有哪些季节性发生规律?

蜗牛为长江中下游、江淮和黄淮棉区偶发性软体动物。1 年发生 1～1.5 代,在 4～5 月份和 9～10 月份有 2 个产卵高峰,卵多产在植株根部附近疏松、湿润的土中或枯叶、石块下,卵暴露在空气或阳光下很快爆裂。昼伏夜出,喜阴湿,春、夏季多雨天气有利于其发生,雨天活动增加,可昼夜为害。夏季高温干旱或遇不利天气时,分泌黏液形成蜡状膜封口越夏,当温度下降、干旱季节过后又恢复活动,取食产卵,气温降到 10℃时入土越冬。

5～6 月主要为害棉苗,9～10 月主要为害蔬菜、大豆等作物。以成贝和幼贝为害棉花嫩叶、茎、花、蕾、铃,用齿舌和颚片刮锉,形成不整齐的缺刻或孔洞,初孵幼螺只取食叶肉,留下表皮。棉花子叶期受害最重,苗期咬断幼苗造成缺苗断垄,真叶期可吃光叶片,现蕾期将棉叶嫩头咬破,受害株生长发育推迟。蜗牛可分泌白色有光泽的黏液,食痕部易受细菌侵染,粪便和分泌黏液还可产生霉菌,附着在爬行痕上,影响棉苗生长。

靠近河、沟、渠,耕作粗放、地势低洼潮湿和排水不畅以及连作,与绿肥、蚕豆、油菜套种棉田发生严重。猖獗的年份多是由于土壤湿润、苗期多雨、上年虫口基数大、绿肥蔬菜等连作造成。干旱年份发生轻。

126. 如何通过农业措施防治蜗牛?

蜗牛 4～5 月份产卵高峰期,可中耕翻土,使部分卵暴露在土表爆裂,也可杀死部分成、幼贝。高湿和低洼田块清沟排渍,降低棉田湿度,抑制其繁殖。5 月上中旬在重发地块设置瓦块、菜叶、杂草或树枝把诱捕。清晨、傍晚和阴雨天进行人工捕捉,也可放鸭啄食。

127. 如何对蜗牛进行化学防治?

5 月上中旬幼贝盛发期和 6～8 月多雨年份,当成、幼贝密度达到每平方米 3～5 头或棉苗被害率达 5% 左右时,用 6% 四聚乙醛颗粒剂或 6% 甲萘·四聚毒饵距棉株 30～40 厘米顺行撒施诱杀。也可每 667 米² 用 90% 敌百虫晶体 250 克与炒香的棉籽饼粉 5 千克拌成毒饵,于傍晚撒施在棉田中诱杀。

128. 棉田蝼蛄有哪几种? 如何识别?

主要有华北蝼蛄、东方蝼蛄等 2 种。

(1)华北蝼蛄　雄成虫体长为 39～45 毫米;雌成虫体长约 45 毫米。体色为黄褐色或黑褐色,头部暗褐色,着生有黄褐色细毛。前胸背板中央有一暗红褐色斑点,前翅长约 14 毫米,平叠背上,后翅纵卷成筒状,附于前翅之下。足黄褐色,密生细毛,前足特别发达,适宜在土中开掘潜行。卵椭圆形,初产时黄色,长为 1.7~1.8 毫米,宽 1.3~1.4 毫米。若虫形态与成虫相仿,前、后翅不发达。

(2)东方蝼蛄 成虫形态与华北蝼蛄相仿,但体躯短小,体长 29~31 毫米,体浅黄褐色,密生细毛,后足胫节背面内缘有棘 3~4 个。卵椭圆形,初产时为乳白色,以后变为暗褐色。若虫初孵化时乳白色,复眼浅红色,以后体色逐渐加深,老熟若虫体长 25 毫米。若虫龄期共 8~9 龄。

129. 蝼蛄有哪些季节性发生规律?

(1)华北蝼蛄 主要发生于华北、西北、辽宁、内蒙古等地。生活史较长,需 3 年完成 1 代。以成虫或若虫在土内越冬,越冬深度在冻土层以下,地下水位以上,一般可达 1~1.6 米。越冬时每洞有虫 1 头,头朝下。黄淮棉区 3~4 月间上升到表土层活动为害。活动时在地表留有长约 10 厘米的隧道。6、7 月份是产卵盛期,卵多产在轻盐碱地内,集中在缺苗断垄、干燥向阳、靠近地埂、畦堰附近产卵。1 年产卵 3~7 次,产于 15~20 厘米深处卵室中,每雌产卵量约 400 粒。孵化为若虫后至 10~11 月间,若虫大约八至九龄越冬,第二年十二至十三龄若虫越冬,第三年 8 月间若虫老熟,蜕最后 1 次皮变为成虫,并以成虫越冬,越冬成虫至第四年6月产卵。

(2)**东方蝼蛄**　全国各地均有发生,以黄河以南密度大,在长江以北与华北蝼蛄混合发生。在黄淮棉区约2年完成1代,在长江以南棉区1年完成1代。以成虫和若虫在土内越冬,越冬深度及习性与华北蝼蛄相同。在洞顶拥起一堆虚土或较短的虚土隧道,4~5月间活动进入盛期,此时地面出现大量隧道,当大部分隧道上有1个孔眼时,表明已迁移为害。产卵习性与华北蝼蛄相近,但更趋潮湿地区,多集中在沿河、池塘和沟渠附近地块产卵。在黄淮棉区当年孵化的若虫,经过1个冬季后,多数于翌年夏、秋季羽化为成虫,少数当年即可产卵,但大部分再次越冬至第三年5~6月份产卵,成虫于8~9月间死亡。若虫共8~9龄,第一年以四至七龄越冬,翌年春、夏季再蜕皮2~4次,羽化为成虫。

蝼蛄一般在夜晚活动为害,气温低于15℃,则白天活动。在降雨或浇水后活动最盛。成虫有趋光性。在夏秋之际,当气温在18℃~22℃、风速小于1.5米/秒时,可诱到大量成虫。多发生于平原轻盐碱地以及沿河、临海、近湖等低湿地区。特别是土质为砂壤土或粉砂壤土、质地松软、多腐殖质的地区,最适宜其生活和繁殖。

130. 如何减轻蝼蛄的为害?

(1)**农业防治**　不施用未经腐熟的有机肥料,防止招引其产卵;及时中耕、除草、镇压,适当调整播种期等,以减少为害。

(2)药剂防治　用 90％敌百虫 0.5 千克,对水 10 升,
均匀拌棉籽饼或麦麸 50 千克,于傍晚每 667 平方米撒毒
饵 4～5 千克,每隔 2 米撒 1 小堆。

131. 棉田蛴螬有哪几种? 如何识别?

金龟子的幼虫习称蛴螬。棉田常见的有大黑金龟
子、黑绒金龟子、大绿金龟子等。

(1)大黑金龟子　成虫体长 16～21 毫米,体色黑褐
色,有光泽。鞘翅有隆起纵纹,散布刻点。胸部密生黄色
长毛,腹部褐色。老熟幼虫体长 37～45 毫米,头部前顶
刚毛每侧各 3 根成一纵列。肛门孔三裂。腹毛区有刚毛
群。

(2)黑绒金龟子　成虫体长 7.6 毫米,褐色、黑褐色
或紫褐色,有黑灰色绒毛。鞘翅有多数隆起纵纹,有细
点,侧缘有 1 列刺毛。腹面黑褐色,有黄白色短毛。老熟
幼虫体长 14～16 毫米,头黄褐色,前顶刚毛 1 根,有棕色
的伪单眼。胴部乳白色,密被赤褐色短毛。肛门纵裂,肛
腹片上有 14～26 根锥状刺组成的弧状带,带中央处明显
断开。

(3)大绿金龟子　成虫体长 20～24 毫米,体色深绿
色,有光泽。鞘翅密布刻点,纵行沟纹不显著。胸部及腹
面赤铜色,有闪光。老熟幼虫体长 23～25 毫米。肛门有
"一"字形横裂,前方中央有 2 列刚毛,共 14～15 对,四周

也有许多排列不整齐的刚毛。

132. 蛴螬有哪些季节性发生规律？

(1)大黑金龟子 以成虫在土中越冬,在河南、湖北每年发生1代。幼虫在5月间为害棉苗根部,严重时造成缺苗。成虫5～7月发生,昼伏夜出,为害棉苗,但不严重。成虫有趋光性和假死性,夜间8～9时交尾,雌成虫产卵于隐蔽、松软而湿润的土壤中,卵散产或成堆产在10～15厘米深的土内。在水浇地、砂壤土,低湿地段以及前茬作物为大豆的地段受害较重。

(2)黑绒金龟子 成虫为害棉苗,幼虫为害棉根。以成虫在土中越冬。在东北每年发生1代。成虫傍晚出土交尾最盛,有趋光性和假死性。夜间为害。地温22℃～25℃最适宜于幼虫活动。

(3)大绿金龟子 1年发生1代,以幼虫在土下越冬。成虫出现盛期各地不同,山西为7月上旬,河南、河北为6月上旬到7月上旬,江苏在6月中旬。成虫有趋光性和假死性,喜产卵于豆地及花生地,深度在土下6～16.5厘米。

133. 如何诱杀、捕捉蛴螬？

利用成虫趋光性,用黑光灯或频振式杀虫灯进行诱杀;利用成虫假死性进行人工捕捉;犁地时拣杀蛴螬。

134. 如何对蛴螬进行化学防治？

成虫发生期选用内吸性有机磷农药,如50％辛硫磷乳油或 40％丙溴磷乳油 1 000～1 500 倍液喷雾防治。

135. 棉田金针虫有哪几种？如何识别？

在我国主要种类有沟金针虫、细胸金针虫和褐纹金针虫 3 种。

(1)沟金针虫　雌成虫体长 16～17 毫米,宽 4～5 毫米；雄虫体长 14～18 毫米,宽约 3.5 毫米。雌虫身体扁平,深褐色。羽化初期黄褐色。身体及鞘翅密生金黄包细毛,头部扁平,头顶呈三角形洼凹,密布刻点,触角 11节,长约为前胸 2 倍。前胸发达呈半球形隆起,前窄后宽,鞘翅上有极细纵沟,后翅退化。雄虫触角细长,12 节,长达鞘翅末端。足较细长。卵近椭圆形,乳白色。老熟幼虫体长 20～30 毫米,宽约 4 毫米。体节宽大于长,从头至第九腹节渐宽。体生有黄色细毛。前头及口器暗褐色,头部扁平。由胸背至第十腹节,每节背面正中有 1 条细纵沟。尾节背面有略近圆形的凹陷,密生较粗刻点,两侧缘隆起,有 3 对锯齿状突起.尾端分叉,并稍向上弯曲,分叉内测各有 1 小齿。足 3 对,大小相同。蛹为裸蛹,黄色。体细长呈纺锤形。

(2)细胸金针虫　成虫体长 8～9 毫米,宽约 2.5 毫米,密生灰色短毛,并有光泽。头胸部黑褐色,前胸背板略带圆形,前后宽度大体相同,长大于宽,后缘角伸向后方。鞘翅长约为头胸部的 2 倍,褐色,也密生短毛,鞘翅上有 9 条纵列的刻点。触角红褐色,第二节球形。足赤褐色。卵圆形,乳白色。幼虫体细长,圆筒形,淡黄色有光泽,体长约 23 毫米,宽约 1.3 毫米。头部扁平,与体同色,口器深褐色,第一胸节较第二、第三两节稍短。第一、第八腹节略等长。尾节呈圆锥形,尖端为红褐色小突起,背面近前缘两侧各有褐色圆斑 1 个,并有 4 条褐纵纹,足 3 对,大小相同。

(3)褐纹金针虫　成虫体长约 9 毫米,宽约 27 毫米,体细长,黑褐色并生有灰色短毛。头部凸形黑色,密生较粗的刻点,前胸黑色,刻点较头部小,后缘角向后突出,鞘翅与体同色,长约为头胸部的 2.5 倍,有 9 条纵列的刻点。腹部暗红色。触角暗褐色,第二、第三节略成球形,第四节较第二、第三节稍长。足暗褐色。老熟幼虫体长约 25 毫米,宽约 1.7 毫米,体细长,圆筒形,茶褐色有光泽,第一胸节及第九腹节红褐色。头扁平。身体背面有细沟及微细刻点,第一胸节长,第二胸节至第八腹节各节前缘两侧均生有深褐色新月形斑纹。尾节扁平而长,尖端有 3 个小突起,中间的尖锐呈红褐色,尾节前缘有两个半月形斑,靠前部有 4 条纵沟,后半部有皱纹,并密布粗大深褐色刻点。

136. 金针虫有哪些季节性发生规律?

金针虫在北方棉区 3 年完成 1 代,其中以幼虫期最长为 1 150 天。老熟幼虫从 8 月上旬至 9 月上旬先后化蛹,蛹期为 16～20 天,9 月初成虫出现于田间。成虫羽化后一般不出土,即在土室中越冬,翌年的 3~4 月间成虫开始活动,以 4 月上旬为最盛,4 月中旬开始见卵,直至 6 月上旬,卵期约 35 天。6 月中旬田间新孵化幼虫很多,幼虫孵化后不久便开始取食。以幼虫咬食种子、根、茎,并能钻入根部为害。

沟金针虫主要发生在旱地平原上,土质多为粉壤土和粉砂黏壤土。褐纹金针虫在黄淮棉区,多与细胸金针虫同时发生,6 月上旬至 7 月下旬在局部地区为害较重。

金针虫的活动与土壤温、湿度有密切关系,土壤湿度是影响金针虫猖獗程度的重要因素。而土壤湿度又与早春雨量密切相关。春季多雨水则加重为害。而雨水过多,湿度过大,金针虫的活动和代谢作用受到一定影响,暂时停止取食,而向较深土层移动。春季灌水影响金针虫的活动和为害,有的地区采用浇水的办法减轻金针虫的为害。

137. 如何防治金针虫?

(1)农业防治 精耕细作和耕翻土壤可造成不利于地下害虫的生存条件,可将部分成、幼虫翻至地表,使其风干、冻死或被天敌捕食、机械杀伤,防效明显。合理施肥,施用充分腐熟的有机肥;水浇地可结合作物生长的需要适当灌溉,能抑制这种害虫的为害。

(2)人工防治 金针虫对新枯萎的杂草有极强的趋性,可采用堆草诱杀。另外,可以通过人工挖杀金针虫。

(3)化学防治

①土壤处理 在播种前进行土壤处理,每 667 平方米用 10%二嗪农颗粒剂 2～3 千克,或用 5%辛硫磷颗粒剂 1～1.5 千克,与 15～20 千克细土混匀后撒于床土上、播种沟或移栽穴内,待播种后覆土。也可每 667 平方米用 2～2.5 千克敌百虫粉剂,或 50%辛硫磷乳油 0.15 千克拌适量细土施用。

②药剂灌根 用 50%辛硫磷乳油 1 000 倍液,或 80%敌百虫可湿性粉剂,或 25%西维因可湿性粉剂各 800 倍液灌根,每株灌 150～250 毫米可杀死根际附近的幼虫。

③拌种 50%甲胺磷或 50%辛硫磷,用量为种子量的 0.2%～0.3%。

138. 如何识别蛞蝓?

是一种雌雄同体、异体受精的软体动物。成虫体长 20～25 毫米,爬行时可达 30～36 毫米,体宽 4～6 毫米。体柔软裸露,无外壳,灰褐色,有不明显的暗带或斑点。头部有 2 对触角,暗黑色。前触角下方的中间是口。背部中段略前方有一外套膜。体背及腹面有很多的腺体,能分泌无色黏液。初孵幼虫 3 天左右爬出地面取食,1 周后体长即可长到 3 毫米左右,2 个月后体长可达 10 毫米、体宽约 2 毫米,一般 5 个月左右发育成为成体。

139. 蛞蝓有哪些季节性发生规律？

长江流域、黄河流域棉区均有分布。以成体或幼体在棉田作物及其他春季作物根部、河沟边的草丛中越冬。南方冬季温暖的地方可不经过越冬阶段。翌年 3 月份越冬虫开始活动，在早春作物上取食嫩叶。活动高峰期每年有 2 次，即 4 月中旬至 6 月中旬、10 月上旬至 11 月中旬。喜在夜间活动为害。4 月底和 5 月上旬正是麦棉间套作田的棉苗初期和小麦灌浆期，夜间该虫一部分为害棉苗嫩叶，一部分沿麦秸上行取食麦粒内的嫩浆；5 月中下旬对棉苗为害大，严重时可造成缺苗断垄。7～8 月间高温、干旱季节潜伏在潮湿处越夏。9 月中旬以后再次活动为害，但以取食秋作物和蔬菜为主。11 月中旬后逐渐进入越冬期。

蛞蝓生性畏光怕热，常生活在农田阴暗潮湿、多腐殖质的地方。雨水多的年份，低洼棉田，套种绿肥、豆类、蔬菜的连作棉田，发生为害重。

140. 如何减轻蛞蝓为害？

（1）农业防治　种植前彻底清除田间及周边杂草，耕翻晒地，恶化它的栖息场所，种植后及时铲除田间、地边杂草，清除孳生场所。采用地膜覆盖，可明显减轻为害。

（2）物理防治　在沟边、苗床或作物间于傍晚撒石灰带，每 667 平方米用生石灰 7～7.5 千克，阻止其到墙面为害叶片。于傍晚撒菜叶作诱饵,翌晨揭开菜叶捕杀。

(3)化学防治 种子发芽时或苗期,在雨后或傍晚每667平方米用6%四聚乙醛杀螺颗粒剂0.5～0.6千克,拌细砂5～10千克,均匀撒施。若为害面积不大,可用200倍盐水喷于叶面或根系附近防治;为害严重的地块可用灭蛭灵900倍液喷雾。

141. 如何识别双斑莹叶甲?

双斑莹叶甲又称双斑长跗莹叶甲。成虫体长3.6～4.8毫米,宽2～2.5毫米,长卵形,棕黄色有光泽。头、前胸背板色较深,有时呈橙红色,鞘翅淡黄色有一个近于圆形的淡色斑,周缘为黑色,淡色斑的后外侧常不完全封闭,它后面的黑色带纹向后突伸成角状,有些个体黑色带纹模糊不清或完全消失。鞘翅基半部鞘翅缘折及小盾片一般黑色,足胫节端半部与跗节黑色。腹面中、后胸黑色。头部二角形的额区稍隆,复眼较大、卵圆形、明显突出。触角11节,长度约为体长的2/3。前胸背板横宽,长宽之比约为2:3,密布细刻点。鞘翅被密而浅细的刻点,侧缘稍膨出,端部合成圆形,腹端外露。后胫节端部具有1长刺,后跗第一节很长,超过其余3节之和。

142. 双斑莹叶甲有哪些季节性发生规律?

在我国北方1年发生1代,以卵在土中越冬。卵期很长,5月份开始孵化,自然条件下,孵化率很不整齐。幼虫全部生活在土中,一般靠近根部距土表 3～8 厘米,以杂草根为食,尤喜食禾本科植物根。整个幼虫期经 30 余日,老熟幼虫做土室化蛹。蛹室土质疏松,蛹一经触动即猛烈旋动。蛹经 7～10 日羽化。成虫 7 月初开始出现,一直延续至 10 月。成虫羽化后 20 余日即行交尾,交尾时间一般 30～50 分钟。雌虫产卵时,腹端部伸向土里,在土壤缝隙中将卵产下,一次可产卵 30 余粒,一生可产卵二百多粒,卵散产或几粒黏在一起。幼虫一般生活在未经翻耕过的杂草丛生的表土中,大田中很少发现。

初羽化的成虫先在田边、沟渠两侧的杂草上活动,随后转移至大田为害。该虫在棉花现蕾至吐絮期间都有发生,以成虫咀嚼取食叶背表皮及叶肉为害,留下上表皮形成枯斑,严重时枯斑连片;同时也能对花蕾造成为害。成虫飞翔力弱,一般只作 2～5 米的短距离飞行。有弱趋光性。当早晚气温低或在风大、阴雨、烈日等不利条件下,则隐藏在植物根部或枯叶下;气温高时,成虫活动为害。高温干燥对双斑莹叶甲的发生极为有利,降水量少则发生重;降水量多则发生轻,暴雨对其发生极为不利。

双斑莹叶甲喜食玉米、向日葵、大豆等作物,与这些作物邻作的棉田发生常比较严重。

143. 如何通过减轻双斑莹叶甲为害?

(1)农业防治 秋季或早春深耕土地,将表土中的卵翻至深层,消灭越冬虫源。早春清除田埂、沟旁和田间杂草,消灭过渡寄主植物,压低田外虫源基数。

(2)物理防治　成虫发生期在田边早春寄主上利用捕虫网捕杀成虫。对点片发生的地块于早晚人工捕捉,降低基数。

(3)化学防治　新疆棉区防治指标为百株虫量30头。超过防治指标时,可选用菊酯类农药1500~2000倍液、硫丹(赛丹)800倍液等进行喷雾防治。清晨时分成虫飞翔能力弱,喷药防治效果更好。

144. 扶桑绵粉蚧的发生分布有哪些特点?

属半翅目、粉蚧科、绵粉蚧属。原产于北美,1991年在美国发现为害棉花,随后在墨西哥、智利、阿根廷和巴西相继有报道发现。2005年印度和巴基斯坦有发现,对当地棉花生产造成了严重为害。2008年8月,在广东省广州市市区的扶桑上国内首次发现了该虫。目前,该害虫已通过扶桑等多种农、林植物传播到我国9个省(自治区)的局部地区。对扶桑绵粉蚧的危险性综合评价表明,我国海南、广东、广西、福建、台湾、浙江、江西、湖南、贵州、云南、重庆、湖北、安徽、上海、江苏、山东和河南等17省区的大部分区域,新疆、四川、甘肃、宁夏、陕西、山西、河北、北京、天津、辽宁和内蒙古等11省区的部分地区,都是该虫的适生区。2010年5月5日农业部、国家林业局发布公告第1380号,将扶桑绵粉蚧增列为全国农业、林业植物检疫性有害生物。

145. 如何识别扶桑绵粉蚧？

一般依据雌成虫外部形态进行初步识别。雌成虫的卵圆形，浅黄色。足红色，腹脐黑色。被有薄蜡粉，在胸部可见 0～2 对，腹部可见 3 对黑色斑点。体缘有蜡突，均短粗，腹部末端 4～5 对较长。除去蜡粉后，在前、中胸背面亚中区可见 2 条黑斑，腹部1～4 节背面亚中区有 2 条黑斑。该种与石蒜绵粉蚧非常相似，扶桑绵粉蚧活虫体与石蒜绵粉蚧的区别特征在于扶桑绵粉蚧雌成虫背部具成对的黑斑或黑纹，而石蒜绵粉蚧背面白色均匀。

146. 扶桑绵粉蚧怎样为害棉花？

主要为害棉花和其他植物的幼嫩部位，包括嫩枝、叶片、花芽和叶柄，以雌成虫和若虫吸食汁液为害。受害棉株长势衰弱，生长缓慢或停止，失水干枯，亦可造成花蕾、花、幼铃脱落；分泌的蜜露诱发的煤污病可导致叶片脱落，严重时可造成棉株成片死亡。

147. 扶桑绵粉蚧有哪些寄主植物？

寄主植物 100 多种。主要寄主有：棉花、扶桑、向日葵、南瓜、茄、番茄、甜茄、龙葵、马利筋、番木瓜、黄花蒿、三叶鬼针草、一点红、银胶菊、苍耳、田旋花、铺地草、磨盘草、巴豆、咖啡黄葵、赛葵、地桃花、黄细心、列当、长隔木、大戟、羽扇豆、蜀葵、灰毛滨藜、碱蓬、菁草、豚草、黄花稔、酸浆、马缨丹、洋金花、假海马齿、神秘果、芝麻与蒺藜。

148. 扶桑绵粉蚧有哪些习性?

多营孤雌生殖,卵产在卵囊内,每卵囊产卵 150～600 粒,且多数孵化为雌虫,卵期很短,经 3～9 天孵化为若虫,若虫期 22～25 天,属于卵胎生。一龄若虫行动活泼,从卵囊爬出后短时间内即可取食为害。正常情况下,25～30 天 1 代,1 年可发生 12～15 代。雌、雄个体生活史不尽相同,雌性虫态包括卵、一龄若虫、二龄若虫、三龄若虫与成虫,而雄性依次有卵、一龄若虫、二龄若虫、预蛹、蛹和成虫。在冷凉地区,以卵或其他虫态在植物或土壤中越冬;热带地区终年繁殖。由于该粉蚧繁殖量大,种群增长迅速,世代重叠严重。

149. 扶桑绵粉蚧有哪些传播扩散途径?

一龄若虫从病株爬到健康植株,随风、水、动物、人、器械携带扩散,可以随灌溉水传播。长距离主要随棉花秸秆或种子传播,雌成虫附着在寄主植物上,它可以产卵再孵出若虫。远距离传播扩散的主要载体包括寄主植株、枝茎、叶等。

150. 如何防止扶桑绵粉蚧的扩散为害?

加强对扶桑(朱槿)、木槿、龙葵、黄秋葵、紫背天葵、小叶榕、桑树、梧桐、棉花、向日葵、芝麻、茄子、番茄、辣椒、羽扇豆、南瓜、冬瓜、西瓜、苦瓜、丝瓜、空心菜、红薯、苦荬菜、苘麻、铁苋菜等扶桑绵粉蚧寄主植物及可能传带扶桑绵粉蚧的植物产品、包装物的检疫,减少该虫的扩散为害。

151. 如何通过农业措施减轻扶桑绵粉蚧为害?

将棉田、果园和林地周边有扶桑绵粉蚧的杂草铲除并烧毁,将有扶桑绵粉蚧的棉花等植物落叶或枯枝清理烧毁;冬耕冬灌,特别是深耕冬灌,可以消灭越冬虫蛹,降低和减少翌年害虫越冬基数,减轻为害发生。

152. 如何对扶桑绵粉蚧进行化学防治?

可以选用毒死蜱、马拉硫磷、吡虫啉、杀扑磷等药剂防治,严重时可用西维因、喹硫磷等防治。考虑到桑绵粉蚧世代重叠严重,要尽量选择低龄若蚧高峰期进行,施药必须做到仔细,而且用药可能要进行多次。

四、棉花草害及防治

1. 什么是 1 年生、2 年生与多年生杂草？

(1)1 年生杂草　从出苗生长,到开花、结实,然后枯死,其整个生活周期在 1 年内完成。大田中最常见的杂草是 1 年生的,根据出苗早、晚又分早春性杂草、晚春性杂草、速生性杂草和越冬性杂草 4 类:

①早春性杂草　如藜、萹蓄、马齿苋等,它们在早春出苗,夏季结果,主要为害棉花生育前期的生长。

②晚春性杂草　如马唐、牛筋、铁苋菜、苘麻等,在气温和湿度都比较高时才出苗,主要为害棉花生育中后期生长发育。

③速生性杂草　如盐地碱蓬等,它们生长期很短,1 年中可完成几个生活周期。

④越冬性杂草　如繁缕、附地菜、看麦娘等,在秋天休闲地出苗,翌春或夏天开花结实和枯死。一般在棉田播种前整地时可机械灭除。

(2)2 年生杂草　需要度过 2 个生长季才能完成其生育周期,寿命超过 1 年但不超过 2 年。如秋季发芽、出苗,则需生育至第三年才能开花、结实。通常第一年发育庞大的根系,积累营养物质并形成叶簇,翌年春季从根颈处抽薹,夏季开花、结实,种子繁殖。飞廉、黄花蒿、益母草等杂草属于该类。

（3）多年生杂草　寿命在 2～3 年,甚至 3 年以上。一生中能多次开花结实的杂草。主要特点是在开花结实后地上部死亡,依靠地下器官越冬,翌年春季从地下营养器官又长出新株。此类杂草除能以种子繁殖外,还能利用地下营养器官进行繁殖,而后者是主要的繁殖方式。如车前、狗牙根、香附子、问荆等均为多年生杂草。根据越冬部位不同和繁殖特性的差别,多年生杂草又分为 2 大类。

①地面芽杂草　以种子繁殖为主,如车前、蒲公英等有较发达的根系(直根或须根),也称直根杂草或须根杂草。

②地下芽杂草　以无性繁殖为主,种子繁殖为次,如芦苇、香附子等。因其有强大的根茎、鳞茎、块茎等,也称根茎杂草。

2. 禾本科、莎草科与阔叶杂草如何区别?

禾本科杂草和莎草科杂草均为单子叶杂草。这类杂草有一片狭长竖立的子叶,幼芽分生组织被几层叶片保护。为害棉田的主要单子叶杂草包括禾本科、莎草科、鸭跖草科等近 10 个科。阔叶杂草又称双子叶杂草,它不是分类学上的单位,而是形态学和防除学上的单位。这类杂草有两片子叶,叶片大而平展,幼芽裸露在外。为害棉田的主要阔叶杂草包括苋科、藜科、蓼科等 60 余科。

（1）禾本科杂草　茎圆或略扁,节和节间区别明显,节间中空,中鞘开张、常有叶舌。胚具 1 个子叶,叶片狭窄而长,平行脉,叶无柄,根是须根,如稗草、马唐、牛筋草和狗尾草等。

（2）莎草科杂草　茎三棱形或扁三棱形,无节和节间的区别,茎常实心。个别为圆柱形,空心。叶鞘不开张,无叶舌。胚具 1 子叶,叶片狭窄而长,平行脉,叶无柄。如香附子、碎米莎草等。

（3）阔叶杂草　主要形态特征是叶片圆形、心形或菱形,叶脉通常为网状,茎圆形或四棱形（方形）。如反枝苋、马齿苋、空心莲子草等。

3. 棉田主要杂草有哪些?

（1）长江流域棉区　以喜温喜湿性杂草占优势。出现频率较高的杂草有马唐、千金子、稗草、牛筋草、狗尾草、狗牙根、凹头苋、马齿苋、鳢肠、通泉草、空心莲子草、泽漆、铁苋菜、酸模叶蓼,苘麻和香附子等。

（2）黄河流域棉区　以喜凉耐旱的杂草为主,出现频率较高的杂草有马唐、牛筋草、狗尾草、画眉草、马齿苋、反枝苋、凹头苋、藜、酸模叶蓼、苍耳、萹蓄、刺儿菜、铁苋菜、田旋花和香附子等。

（3）西北内陆棉区　以耐旱的杂草为主,出现频率较高的杂草有狗尾草、马唐、稗草、画眉草、芦苇、灰绿藜、反枝苋、马齿苋、野西瓜苗、萹蓄、苍耳、藜、大刺儿菜和田旋花等。

4. 长江流域棉区棉田杂草有哪些季节性发生规律?

棉田杂草发生规律因播种时间及栽种方式不同而异。

(1)棉花苗床 棉花播于营养钵后用薄膜覆盖,由于苗床内温度高、湿度大,对杂草发生非常有利。杂草具有发生早、出草齐、数量多的特点,一般棉花播种后 15 天左右便形成出草高峰,25 天后杂草基本出齐。

(2)露地直播棉田 露地直播棉田棉花播种早,气温低,在播后 7～15 天,少量杂草出土。播种后 40～50 天随着降雨,土壤湿度增加,杂草出土量加大、生长迅速,人工除草难以进行,易形成草荒。在 7 月下旬至 8 月中旬,少量杂草出土。此时棉花已封行,故对棉花影响不大。

(3)地膜棉田 膜下高温、高湿,有利于杂草的发生。杂草出土比露地直播棉快。播种后 10～15 天杂草形成出苗高峰,40～50 天大部分杂草出土。

(4)移栽棉田 移栽后 10 天左右,部分杂草出土,6月中旬至 7 月上旬正值梅雨期,杂草大量发生。

棉田杂草的出土高峰与降雨密切相关,一般说来,有一次降雨,杂草就有一个出苗高峰。

5. 黄河流域棉区棉田杂草有哪些季节性发生规律?

(1)露地直播和移栽春棉 一般从 4 月中下旬播种开始,一直到 7 月中下旬棉花封行前,杂草不断出土,播种后几天和 6 月中旬为两次杂草出土高峰期。以后,每一次降雨都会出现一次杂草出土高峰。因此,这类棉田杂草发生时间比较长。此类棉田苗期藜科、苋科、马齿苋等阔叶杂草占优势,中后期马唐、牛筋草、稗等禾本科杂草发生严重。

(2)地膜覆盖春棉 由于膜下温度较高,杂草出土迅速,覆膜棉田杂草出苗高峰期较露地棉田早 10 天左右,出苗结束期比露地棉田早 50 天左右,出苗的杂草数量和种类与露地棉田大致相同。种类以藜、苋等阔叶杂草、马唐、牛筋草和千金子等禾本科杂草占优势。与新疆棉区情况相近,不覆膜的两行棉花之间杂草发生和为害严重,膜下杂草密度虽然较大,但为害程度相对较轻。如果地膜不被揭开(如:风吹),膜下的大部分杂草因高温(有时达 50℃以上)、高湿、缺氧而死亡,对棉花生长也不构成为害。因此,控制不覆膜区域的杂草是防除关键。

(3)麦棉套种棉田 棉花在 5 月上中旬播种或移栽,麦田于 6 月上中旬收割,收割后适逢雨季,杂草大量萌发。此类棉田以禾本科杂草占优势。

(4)夏播棉田 夏播棉在 6 月上旬末到中旬小麦收割后播种或移栽。由于此时气温比较高,并开始降雨,杂草出土时间短且较为集中,以禾本科杂草占优势,但杂草的总数量较春棉少。棉田植株密度比较大,生长迅速,封行较早,棉花生育后期杂草发生量不大。

6. 西北内陆棉区棉田杂草有哪些季节性发生规律?

由于棉花播种前整地消灭了早春出苗的部分杂草,多数杂草在棉花播种后随棉花一起萌发,特别是地膜棉田多采用滴灌方式,膜下温湿度适宜,杂草出苗早、数量较多,当地膜被风损坏后杂草长势旺盛。4 月下旬至 5 月上旬,当气温达到 20℃ 以上时,藜科杂草、苋科杂草、苍耳、苘麻、狗尾草等大部分出苗,形成第一个杂草出苗高峰;6 月中旬,灌溉使土壤湿度增加,稗草、狗尾草、藜、马齿苋等再次出土,形成第二个出苗高峰。此后每次浇水,棉花大行行间杂草有一定程度的发生。但由于该区棉花种植密度大,有的地块密度可达每 667 平方米 1.5 万株,7 月中旬棉花即可封垄,封垄后棉田出土杂草较少,即使有部分杂草出土,其生长也受到一定程度的抑制,对棉花产量影响小。因此,该区控制棉花出苗至 7 月初出苗的杂草是稳产的关键,如果棉花封行前不能有效控制杂草为害,封行后人工除草及化学除草均难于操作。

7. 如何通过农业措施防治棉田杂草?

(1)合理密植　密植是一种有效的杂草防治措施之一。密植在一定程度上能降低杂草发生量,抑制杂草的生长。培育壮苗促进棉苗早封行,可提高棉株的竞争性,抑制杂草的生长。

(2)水旱轮作　水旱轮作能有效抑制杂草的发生和

简化杂草群落的结构,减少棉田杂草的为害。

(3)薄膜覆盖 薄膜覆盖可以提高膜下温度,使棉田早期出土的杂草幼苗因高温高湿、缺氧而死亡。

(4)冬前深翻 冬前深翻能杀灭部分杂草,降低越冬基数。

(5)中耕除草 中耕除草能有效杀灭棉花中后期行间杂草。

8. 棉花苗床杂草如何进行化学防除?

在播种覆土后,每667平方米用90克/升乙草胺乳油40克或72克/升异丙甲草胺乳油80克,加水50升均匀喷雾,对棉苗安全,对马唐、稗草等禾本科杂草及反枝苋等部分阔叶杂草有较好防效。

苗床化学除草一定要以苗床实际面积计算用药量,要分床配药、分床使用,千万不要一次配药多床使用,以免苗床因用药量不均匀而造成药害。另外,育苗时高温、高湿的条件下有利于药剂发挥药效,切不可盲目提高施药量,以免产生药害。

9. 地膜覆盖直播棉田杂草如何进行化学防除?

棉花播种覆膜后或覆膜移栽后,由于地膜的密闭增温、保湿作用,膜内的生态条件非常有利于杂草的萌发出苗。若不施药防治,杂草往往还能顶破地膜旺盛生长,为害更大。因此,地膜覆盖栽培必须与化学除草相结合。

由于膜内的高温、高湿条件有利于除草剂药效的充分发挥,因此除草剂的使用剂量可比露地直播棉田适当减少30%左右。

整地后播种前每667平方米用48克/升氟乐灵乳油80克加水50升均匀喷雾,药后3～5天播种。施药后结合耙地混土3～5厘米以免氟乐灵光解失效。氟乐灵对禾本科杂草及小粒阔叶杂草有较好的防效,持效期为50天左右。

在棉花播种覆土后每667平方米用90克/升乙草胺乳油30～40克加水50升或72克/升异丙甲草胺乳油100克加水50升或33克/升二甲戊灵乳油150克加水50升;也可用60克/升丁草胺乳油100～120克加水50升均匀喷雾。丁草胺除草效果与湿度关系密切,湿度大效果好。还可用50%扑草净可湿性粉剂100～150克加水50升喷雾,上述药剂持效期50～60天,对棉花苗期杂草控制效果理想。

在棉花出苗后,防除禾本科杂草可用每667平方米5克/升精喹禾灵乳油70～80克、或10.8克/升高效氟吡甲禾灵乳油30～50克、或150克/升精吡氟禾草灵乳油75～100克加水30升进行茎叶处理。

目前,棉田尚缺乏安全性好、防除阔叶杂草的茎叶处理除草剂。

10. 露地直播棉田杂草如何进行化学防除?

露地直播棉田所需要的化学除草剂用量应大于地膜

覆盖棉田。

一般在棉花播种覆土后每 667 平方米用 90 克/升乙草胺乳油 70～80 克加水 50 升或 72 克/升异丙甲草胺乳油 150～180 克加水 50 升或 33 克/升二甲戊灵乳油150～200 克加水 50 升;也可用 60 克/升丁草胺乳油 120～150 克加水 50 升均匀喷雾。还可用 25 克/升噁草酮乳油 120～150 克加水 50 升喷雾。

在棉花出苗后,可施用精喹禾灵乳油、高效氟吡甲禾灵乳油等药剂防除马唐、千金子等禾本科杂草。施药量同题 9。

11. 移栽棉田杂草如何进行化学防除?

(1)板茬移栽棉田　对前作让茬较迟且草荒较严重的田块,为了抢季节每 667 米² 可用 20 克/升百草枯水剂 200～300 克,或 10 克/升草甘膦水剂 0.5 千克加水 30 升喷雾,次日即可移栽棉花。由于这 2 种除草剂均为灭生性的,要注意在喷雾时切不可飘移到周围的作物上,用后器具要清洗彻底。

(2)整地后移栽前　可用乙草胺、异丙甲草胺、二甲戊灵、氟乐灵、噁草灵等,具体使用量和方法可参照直播棉田进行。

(3)棉花出苗后　在棉花出苗后,可施用精喹禾灵乳油、高效氟吡甲禾灵乳油等药剂防除马唐、千金子等禾本科杂草。施药量同题 9。

12. 棉花成株后期如何进行化学防除?

棉花进入 6 月下旬以后,植株高度一般 50 厘米以上且下部茎秆转红变硬,此时棉田发生的杂草可用灭生性的除草剂 20 克/升百草枯水剂每 667 平方米 100~200 克加水 30~40 升,带保护罩进行对靶茎叶处理。棉花收获前 30 天左右防除杂草可以选用 41 克/升草甘膦水剂每 667 平方米 150~200 克加水 30~40 升,在喷头上加一专用防护罩向杂草作定向行间喷雾。上述药剂均属于灭生性非选择性除草剂,喷施时一定要在无风天气进行,切忌将药液喷到棉花根、茎和叶面上,以免造成药害。尤其是草甘膦是传导型除草剂,喷施到棉花的根、茎、叶上会传导到其他部位,重者造成减产。

13. 棉花药害的主要症状有哪些?

在棉花生产中,若使用除草剂不当常常会诱发药害,且因施药种类及喷施时间的不同药害症状常呈多变性和多样性,包括生长抑制,茎叶弯曲、扭曲、卷曲,节间缩短,叶片加厚、褪绿、白化、枯斑及畸形等。棉花常见药害为 2,4-D 飘移药害和喷雾器械二次药害。因棉花对激素类除草剂 2,4-D 极为敏感,在生产中常因用过 2,4-D 的喷雾器未洗净又用于棉田喷药而造成药害,或邻近小麦、玉米等作物喷施 2,4-D 造成药剂飘移到棉田引发棉花药害。

受 2,4-D 药害棉株表现为叶片皱缩、畸形,常呈鸡爪状,叶形变小、变窄,叶柄扭曲等。乙草胺、异丙甲草胺在棉花播后苗前施药后,若遇大雨、积水等环境条件易造成棉苗药害,表现为子叶皱缩、深绿、出土晚、种皮不易脱落。氟乐灵施药量过大易造成棉花根部药害,表现为根生长畸形,棉株第二、第三片真叶皱缩、变小,药害严重的还会造成棉花子叶深绿,增厚变脆,茎基部增粗,植株变矮,甚至会造成生长点坏死,侧枝丛生。扑草净施药量过大,会使棉花幼嫩叶片褪色、失绿和枯萎。磺酰脲类除草剂(如甲磺隆、氯磺隆)土壤残留期较长,在上茬小麦田施用,易造成后茬夏播棉药害。表现为棉花植株出苗后生长缓慢,下胚轴深红色,子叶叶脉及第一片真叶叶脉红褐色。

14. 如何预防棉花药害的产生?

除草剂对作物的药害是由除草剂使用技术、除草剂和作物本身的因素及环境条件所决定的,多数情况下药害的发生程度是上述3个方面综合作用的结果。对药害进行治理,需要农药企业、农药管理部门、科研机构、推广系统及农民的共同努力。

(1)不使用假冒伪劣及不合格产品 购买取得"三证"的产品,除草剂剂型、有效成分含量等要与产品标签相一致。

(2)施药时避免易产生药害的环境条件 如温度过高、湿度过大使用乙草胺、异丙甲草胺等土壤处理剂时要减少药量,土壤有机质含量低、砂壤土等可适当降低土壤处理剂药量。地膜下施药后棉苗及时"放风"。避免在高温干旱的中午喷施除草剂等等。

(3)喷药器械要专用　在棉田或邻地喷药时,杜绝使用曾喷过2,4-D的喷雾器、量杯等。

(4)严格施药时期及用药量　严格按照除草剂使用的标签及推荐剂量在推荐的用药时期施药,喷药时一定要均匀,防止重喷或漏喷。

(5)注意加强防护　在棉田上风头,禁止使用含有2,4-D丁酯和二甲四氯成分的除草剂,防止因药液飘移而造成药害。用百草枯和草甘膦等灭生性除草剂防除棉花行间杂草时,要选择无风天气,喷头上一定要安装防护罩,喷药时要压低喷头,避免将药液喷到棉花上。

15. 棉花药害如何进行补救?

药害发生后,可采用叶面喷大量水进行淋洗,土壤中可采用灌水、排水洗药,或安全剂中和解毒等措施。

(1)加强肥水管理　受上茬残留药害及当茬药害棉田要及时进行浇水,以促进棉花根系大量吸水,降低体内除草剂浓度。结合浇水,比正常情况下增施尿素5.0～7.5千克/667米²。

(2)喷施生长调节剂　受2,4-D丁酯和二甲四氯等除草剂药害的棉田,根据棉花受害程度,可喷洒1～2次20毫克/千克赤霉素溶液,也可喷施芸薹素内酯等生长促进剂,促进棉花生长,缓解药害。

(3)进行叶面喷肥 受药害棉田,可喷施 1‰～2‰尿素溶液,或 0.3‰磷酸二氢钾溶液 30～50 千克/667 米^2,结合浇水,对于缓解药害、促进棉花生长有显著作用。

(4)摘除受害枝叶 受 2,4-D 丁酯和二甲四氯等除草剂药害较轻的棉田,要及时打掉畸形叶、枝。如果顶尖受害较重,可打去顶尖,利用下部 2～5 个叶枝来实现一定产量。

五、棉花病虫草害综合防治技术

1. 什么是综合防治?

我国的植保工作方针是"预防为主,综合防治"。综合防治就是根据病虫草害的种群动态和有关环境条件,协调运用各种适当防治技术的植物保护措施体系。综合防治强调:①不要求消灭全部病虫草害,而是将其发生数量控制在不足以造成危害的水平。②单纯使用化学农药会极大地破坏棉田的生态平衡,导致病虫草害的猖獗发生。应根据病虫草害的发生规律与为害特点,综合利用多种防治方法,以求相互协调,取长补短,兴利避害,达到既有效地防控病虫草害,又实现经济、安全、有效的目的。③减少环境污染,促进农田生态系统平衡。

目前,病虫草害的综合防治措施主要有植物检疫、农业防治、生物防治、物理防治、化学防治等几类。

2. 什么是植物检疫?

以立法手段防止植物及其产品在流通过程中传播农作物病虫草害的措施,是植物保护工作的一个方面,其特点是从宏观整体上预防一切(尤其是本区域范围内没有的)病虫草害的传入、定植与扩展。

3. 植物检疫在棉花病虫草害的防治中有哪些应用？

棉花枯黄萎病曾一直是我国农业有害生物检疫对象，通过严把种子检疫关，严防病区带菌棉籽、棉壳、棉饼、棉柴传入无病区等检疫手段，有效地控制了这两种重大病害的扩散蔓延。当前，棉花曲叶病、扶桑棉粉蚧等危险性病虫草害先后在我国局部地区发现，如果发生范围继续扩大将直接威胁我国棉花安全生产。因此，需要对这些病虫草害进行严格的检疫，防止长距离、大范围的传播与扩散，将其为害控制在最小范围、最低程度。

4. 什么是农业防治？

就是为防治农作物病虫草害所采取的农业技术综合措施，通过调整和改善作物的生长环境，以增强作物对病虫草害的抵抗力，创造不利于病原物、害虫和杂草生长发育或传播的条件，以控制、避免或减轻病虫草的为害。主要措施有选用抗性品种、合理间套作与轮作、使用诱集植物等。农业防治如能同物理、化学防治等配合进行，可取得更好的防控效果。

5. 如何选用抗性棉花品种？

抗虫棉的种植应用使现阶段棉铃虫为害问题得到了有效控制。但目前，我国棉花生产中存在着抗虫棉品种杂、不少品种抗虫性差等问题。种植抗虫性差的抗虫棉品种存在着不少隐患，如在棉铃虫偏重发生的情况下，这些棉花上棉铃虫残虫量将超过防治指标,从而造成棉花的产量损失以及棉铃虫防治成本的增加。另外,研究发现抗虫性差的抗虫棉将容易导致棉铃虫抗性的产生与发展,长此以往将会使抗虫棉失效、棉铃虫种群再次猖獗成灾。抗性品种的种植利用也是枯黄萎病防治最有效的方法。

因此,建议在生产上选用通过国家审定的转基因抗虫棉品种,同时考虑优选兼具抗病性好的品种,以确保生产上棉铃虫、枯黄萎病等重大病虫害的持续控制。此外,生产上个别品种对棉蚜、盲椿象等具有较好的耐(抗)性,合理利用这些品种也能有效减轻一些病虫害的为害。

6. 如何进行合理的间套作、轮作?

棉花与小麦、油菜、蔬菜等作物间套作能减轻苗期蚜害。目前,种植面积最大,控制蚜害效果最好的是棉花与小麦间作。由于小麦的屏障作用和早春小麦上存在的丰富天敌资源,这类棉田棉蚜发生晚、为害轻;在麦收前后,小麦上的大量天敌向棉花上转移,继续控制棉蚜为害,常年麦棉间作田在棉花苗期基本不需要喷药治蚜。棉花与油菜间作有较好的控制苗蚜作用,但在6月上旬前要及时铲除油菜,以免影响棉苗生长。棉花与洋葱等蔬菜类作物间作,虽然对棉蚜的控制效果没有麦棉间作效果好,但它不影响前期棉苗的生长,棉农且可获得较高的经济收入,在人多地少的高肥水棉区,可通过棉花与洋葱等间作模式充分利用棉田土地,以获得较高的经济效益。

实行棉稻轮作或棉花与其他禾本科作物实行 3 年以上轮作,可有效降低土壤病原菌,减轻土传病害枯萎病、黄萎病以及部分苗病、铃病的发生与为害,同时也能减轻部分虫害、杂草的发生为害程度。育苗移栽的苗床土要每年更换,最好用种植禾谷类作物田的土壤,并施入充分腐熟的有机肥料,尽可能降低苗床土中的病原物、害虫基数,保证棉苗在苗床内生长健壮。

7. 如何种植使用诱集植物?

在棉田四周种植绿豆、蓖麻、向日葵诱集带,结合诱集带上定期施药,能有效地诱杀绿盲蝽成虫,减轻棉田内的种群发生密度。在棉田田埂侧播种苘麻诱集带,能减少烟粉虱与棉大卷叶螟在棉田的发生为害。

8. 如何进行科学的农事操作?

培养壮苗是棉花栽培管理中的一个关键环节。播种前精选种子、晒种以及温汤浸种等措施,可提高棉种的发芽势和发芽率。利用杀虫剂和杀菌剂对棉花种子包衣,能增强棉花苗期的抗病虫能力。棉花无病土育苗移栽,可以避免病害苗期侵染,增强棉苗抗病能力,减轻苗期病害发生。直播棉田在棉苗出土后早中耕、勤中耕,提高地温,疏松土壤,可以促进根系发育,减轻棉苗病害的发生。

利用农事操作可直接压低病虫害基数,控制其发生为害。主要有效措施有:在苗期进行间苗、定苗时,将拔除的棉苗带出田外,可防止被拔除棉苗上的蚜虫、棉叶螨重新转移到其他棉苗为害。及时拔除棉花病株,清理四周的病叶并带出田间,防治棉花枯黄萎病的转移扩散。结合棉花整枝、打杈,进行棉铃虫、斜纹夜蛾、棉大卷叶螟、盲椿象等卵、幼(若)虫的人工摘除。及时将病铃摘除并带出田间,可减轻其发生流行。

注意氮、磷、钾肥合理搭配,做好有机肥与复合肥相结合,增施钾肥及微肥,切忌偏施氮肥,以防治棉花生长过旺和早衰。对于抗虫棉品种,建议将第一个果枝去除,防止棉花过早进入生殖生长,促进根系健康生长发育,可有效防止棉花黄萎病和早衰的发生。当棉株被盲椿象为害后出现多头苗的情况时,应迅速采取措施,将丛生枝整去,每株棉花保留 1~2 枝主秆,可以使植株迅速恢复现蕾。

密植是一种有效的杂草防治措施。一定程度上能降低杂草发生量,抑制杂草的生长。培育壮苗促进棉苗早封行,可提高棉株的竞争性,抑制杂草的生长。

9. 如何压低病虫草的越冬基数?

主要措施有冬耕冬灌,即拔棉秆后(多在 12 月份),及时进行翻耕棉田或冬灌,这一措施可压低棉铃虫、棉叶螨等害虫的虫源基数。冬前深翻能杀灭部分杂草,降低越冬杂草基数。冬季清除棉田残枝落叶和田埂枯死杂草能降低盲椿象越冬卵基数。

10. 什么是物理防治?

物理防治即应用各种物理因子如光、电、色、温度等及机械设备来防治害虫。与其他防治措施相比,物理防治常需耗费较多的劳力,因此在生产上应用相对偏少。但其中一些方法能杀死隐蔽为害的害虫,而且基本没有化学防治所产生的副作用。在有条件的地方,可适时选用一些物理防治措施。

11. 物理措施在害虫防治中有哪些应用?

(1)成虫诱杀 棉铃虫、小地老虎、斜纹夜蛾、金龟子、盲椿象和金刚钻等很多害虫具有趋光习性,可使用诱虫灯对其进行诱杀。棉铃虫、地老虎成虫对半枯萎杨树枝有趋性,在棉田插杨树枝可进行诱杀。方法是把杨树枝把剪成 70 厘米长,每把 10 枝,傍晚插在棉田,位置高于棉株,每 667 平方米 10 把,在翌日凌晨查收害虫。此外,糖醋液(糖:醋:酒:水为 6 : 3 : 1 : 10)可诱杀地老虎成虫。

(2)幼虫诱杀 地老虎的幼虫对桐树叶具有一定的趋性,可取较老的桐树叶,用水浸湿后于傍晚放在田间,每 667 米^2 放置 120~150 片叶,第二天清晨揭开桐树叶捕捉幼虫。也可用杨树枝条绑成小把,于傍晚插于棉田诱杀成虫,效果较好。用 90% 敌百虫晶体 0.5 千克,加水

4升,喷拌在50千克铡碎的鲜草上,制成毒饵。于傍晚撒在棉株附近,可诱杀地老虎幼虫。用90％晶体敌百虫0.5千克,加水5升,喷拌在50千克碾碎炒香的麸皮或棉籽饼上,制成毒饵,于傍晚溜施在棉苗附近,对地老虎同样具有良好的诱杀效果。于傍晚撒菜叶作诱饵,翌晨揭开菜叶可捕杀蛞蝓。

(3)人工捕捉 利用金龟子假死性进行人工捕捉。对于地老虎等,可在每天早晨进行人工捕捉,当发现新截断的被害植株时,就近挖土捕捉,可取得一定的效果。另外,犁地时可拣杀蛴螬等地下害虫。

(4)物理隔离 在沟边、苗床或作物间于傍晚撒石灰带,每667米^{2}用生石灰7～7.5千克,阻止蛞蝓到墙面为害棉花叶片。

12. 物理措施在杂草防治中有哪些应用?

(1)耕作措施除草 棉花播种前整地能铲除已经出土的杂草,中耕除草能有效杀灭棉花中后期行间杂草。耕作措施尤其在芦苇、刺儿菜、打碗花等多年生杂草防除上效果明显,将上述杂草的地下根、地下茎翻入土壤表面,结合阳光暴晒可以较好地控制其蔓延。

(2)水旱轮作除草 水旱轮作可以造成杂草因水淹在一定时间内缺氧,使杂草窒息。如多年生杂草打碗花、田旋花在水田环境中根茎很快死亡。

(3)薄膜覆盖控草 薄膜覆盖既是一项棉田常规栽

培措施,又是一项杂草控制的手段。棉花播种后采用薄膜覆盖可提高膜下温度和湿度,尤其是阳光充足的地区靠膜下高温可有效杀死马齿苋等杂草。但该措施如果薄膜覆盖不严,会造成膜下空气流动,反而会加速杂草生长,控草效果不佳。

13. 什么是生物防治?

生物防治技术是病虫草害综合防治的重要组成部分,主要是利用生物(动物和微生物)或生物的代谢产物控制病虫草害的发生为害。生物防治技术具有对人类及其他有益生物安全,不污染环境等突出优点。目前,生物防治技术主要在棉花害虫的防治中广泛应用,而在棉花病害与草害上应用则明显偏少。

14. 怎样利用合理的耕作制度增殖天敌?

实行麦棉间套作、稻棉轮作邻作、棉花油菜间作、在棉田插花式种植高粱、玉米等诱集作物,既是夺取粮棉油双丰收、提高单位面积经济效益的作物科学栽培措施,又是实现农田作物布局多样化、增殖自然天敌的极好方式,便于早春天敌在这些场所扩大繁殖、躲避不良环境的影响,为棉田苗期天敌群落的建立提供源库。生产应用表明,麦套棉这一项栽培措施的运用,就可在棉花苗期节省和减少用药 2~3 次,经济效益明显,并为在棉花生长的中、后期保护利用自然天敌奠定了基础。

15. 怎样选用选择性杀虫剂保护天敌？

利用选择性杀虫剂既能有效控制棉花害虫，又能保护田间天敌免受不良影响，从而促进田间天敌的增殖，增强其自然控害能力。麦田是多种天敌的越冬场所与早春的增殖基地，是棉虫天敌的主要发源地，如果麦田的天敌得不到保护和保存，即使在棉田采取了一系列的天敌保护措施，也会因天敌的"源库"已遭到破坏而不起作用。因此，麦田害虫的防治中也应尽可能利用选择性杀虫剂，这直接关系到棉田天敌保护利用成败与否。如噻虫嗪、啶虫脒、阿维菌素等杀虫剂对天敌昆虫杀伤力较小，具有较高的选择性与安全性。

16. 怎样改进施药方式保护天敌？

采用对天敌较为安全的内吸性药剂随种播施、拌种、包衣等隐蔽施药技术，防治苗蚜、盲椿象等害虫。如利用吡虫啉拌种，防治蚜虫效果显著，同时可以避免了苗期地毯式广谱性喷洒，对瓢虫、蚜茧蜂、草蛉等天敌安全，效果很好。采用涂茎、点心、针对性局部对靶施药挑治等技术防治第二代棉铃虫，以及苗期点片发生的苗蚜、棉叶螨、地老虎和盲椿象等害虫。正确地运用这些技术，不但能有效地防治害虫，还可避免天敌直接接触农药，减少天敌的死亡，或者大大缩小棉田的喷洒面积，使大部分天敌得以保存、增殖，在后续害虫的防治中发挥其控害作用。

17. 怎样改进农事操作保护天敌？

浇水要注意尽量进行沟灌,避免漫灌,这既是高产栽培的技术环节,也是保护蜘蛛等多种天敌的有效手段。棉田施肥,要按科学配方进行,最好多施农家肥和有机肥,保持和改良土壤结构,利于天敌的繁殖和栖息。整枝打杈时,应将打掉的枝、杈、叶背上天敌的茧、蛹、成虫、幼虫摘除,放回棉株,再将病虫枝叶带出田外统一销毁。

18. 如何选用生物农药防治害虫？

目前,在棉虫防治上应用较广的微生物制剂是棉铃虫核多角体病毒制剂。棉铃虫核多角体病毒制剂在害虫卵盛期喷洒,对棉铃虫初孵幼虫有效。此外,还可兼治棉小造桥虫、棉大卷叶螟、玉米螟等棉田其他害虫。由于该制剂的病毒在棉田可经由取食、粪便接触等途径再传染给其他健康的害虫,故一次施药后可在棉田辗转流行,长期有效,对控制下代害虫也有一定的作用。

阿维菌素等农用抗生素能有效控制棉叶螨等害虫的发生为害。灭幼脲、虫酰肼、氟啶脲等生化农药可防治棉铃虫等害虫。病原微生物对害虫从侵染到致病、致死,一般需要 3～5 天才能表现效果,对害虫的致死作用速率较慢.击倒率较低,容易误认为效果不佳,特别是对害虫暴发或发生特异的年份和世代,还不能完全达到"立竿见影"、迅速见效的要求。

19. 什么是化学防治？有哪些利弊？

化学防治又叫农药防治，是用化学药剂的毒性来防治病虫草害。化学防治具有防治效果好、收效快、使用方便、受季节性限制较小、适宜于大面积使用等优点。化学防治是植物保护最常用的方法，也是综合防治中一项重要措施。

如果化学农药使用不当，能够引起人、畜中毒，污染环境，杀伤天敌，造成药害；同时，还可使某些病虫草害产生不同程度的抗性等。棉花生产上这方面的教训很多。20世纪70～80年代，华北地区有机磷类等化学农药的大量使用使棉田天敌昆虫数量剧烈下降，导致伏蚜的产生和猖獗为害。20世纪80～90年代，由于不合理地使用化学农药防治棉铃虫，使其对有机磷类、菊酯类等主要药剂产生了很高的抗性，导致20世纪90年代初华北地区棉铃虫大暴发。

因此，既要认识到其优点，"善待"化学农药；同时，还要清楚它的缺点，在生产上合理利用化学农药。与农业防治、生物防治、物理防治等措施结合使用，就能使化学防治措施扬长避短。

20. 如何适时用药？

要用最少量的药剂达到最好的防治效果，就必须把药用到火候上。每种病虫都有防治指标。病虫害的防治应在达到防治指标时进行,同时也不应错过有利时期打"事后药"。防治最佳时期,一般害虫应在卵孵化盛期至三龄幼虫抗病能力弱的时期施药,气流传播病害应在初见病期及时施药,可收到事半功倍的效果。对于杂草,出苗前预防性施药的效果较好,使用除草剂进行茎叶处理时,以在杂草 2~6 叶期喷施效果最好。

21. 如何适量用药?

农药用量主要是指单位土地的用药量,按照农药说明书推荐的使用剂量、浓度准确用药配药,不能为追求高防效而随意加大用药量,用药量超过限度,作用效果反而会更差,并容易导致病虫草害抗性的产生以及出现药害问题。

22. 为何要轮换交替使用不同种类的农药?

在作物病虫草防治中,长期连续使用一种农药或同类型的农药,极易引起病虫草产生抗药性,降低防治效果。因此,应根据病虫草特点,选用几种作用机制不同的农药交替使用,这样有利于延缓病虫草的抗药性产生。

23. 如何进行农药的合理混用?

在棉花生长中,几种病虫混合发生时,为节省劳力,可以将几种农药混合使用。合理的混用,可以扩大防治范围,提高防治效果,并能防止或延缓病菌、害虫产生抗药性。但是农药的混用必须讲究科学,要遵守以下几个原则：①混合后不能产生物理和化学变化；②混合后对棉花无不良影响；③混合后无拮抗作用（又称减效作用）；④混合后毒性不能增加。

有时要灭杀多种杂草时，需将几种除草剂混合使用，但并非所有除草剂都可以混合使用。混用的除草剂必须具有不同的杀草谱，其施用适期与使用方法必须相同，混合后不能发生沉淀、分层现象。对于忌混的除草剂，采用分期配合使用的方法，也可以达到杀灭杂草的目的。其配施方法：一是对同块土壤，交替使用除草剂。如先用氟乐灵灭杀禾草，再用扑草净灭杀阔叶杂草；二是土壤处理剂与苗后茎叶处理剂组合使用。如播后苗前喷施乙草胺等土壤处理剂，棉花生长中期土壤处理剂持效降低，可采用喷施精喹禾灵等防除已经出苗的禾本科杂草。

24. 如何采用正确的施药技术？

配制乳剂时，应将所需乳油先配成 10 倍液，然后再加足量水。稀释可湿性粉剂时，先用少量水将可湿性粉剂调成糊状，然后再加足全量水。配制毒土时先将药用少量土混匀，经过几次稀释并要充分翻混药剂才能与土混拌均匀。配制药液时要用清水。

另外，根据病虫害的发生部位或发生特点进行施药能大大地提高防治效果。比如，二代棉铃虫和苗期蚜虫主要集中在棉株的顶尖、嫩梢等部位，利用滴心法施药能有效地控制它们的发生，同时减少农药用量和对天敌昆虫的杀伤力。棉花蕾铃期植株高大,同时盲椿象成虫飞行能力强,在这种情况下机动喷雾器的防治效果要比手动喷雾器好,避免成虫不沾农药而成功潜逃。

对于除草剂,一般播后苗前使用的除草剂在苗后使用药效降低,大部分茎叶处理除草剂土壤活性较差。从施药时期上,要避开作物敏感期用药,避免产生药害。进行土壤处理的地块,一定要耕细整平,并且喷布要均匀,否则会降低药效。除草剂不宜在高温、高湿,或大风天气喷施。一般选择气温在 20℃～30℃ 的晴朗无风或微风天气喷施。

主要参考文献

［1］柏立新,陈春泉,等．棉花病虫草害综合防治．南京:江苏科学技术出版社,1992.

［2］陈其瑛．棉花病虫害综合防治技术．北京:农业出版社,1992.

［3］陈其瑛．棉花病害防治新技术．北京:金盾出版社,1991.

［4］陈其瑛．棉花枯萎病和黄萎病的综合防治．北京:科学技术文献出版社,1983.

［5］崔金杰,马奇祥,马艳．棉花病虫草害防治技术．北京:中国农业出版社,2007.

［6］崔金杰,马奇祥,马艳．棉花病虫害诊断与防治原色图谱．北京:金盾出版社,2004.

［7］郭荣．对棉花生产构成严重威胁的病害——棉花曲叶病毒病．中国植保导刊,2005,25(2):46-47.

［8］郭予元．棉铃虫的研究．北京:中国农业出版社,1998.

［9］郭予元,等．棉铃虫综合防治．北京:金盾出版社,1995.

［10］何自福,董迪,李世访,余小漫,罗方芳．木尔坦棉花曲叶病毒已对我国棉花生产构成严重威胁．植物保护,2010,36(2):147-149.

[11] 简桂良. 棉花黄萎病枯萎病及其防治. 北京：金盾出版社,2009.

[12] 李生才,等. 棉田有害生物综合治理. 北京：中国农业科技出版社,1998.

[13] 陆宴辉,吴孔明. 棉花盲椿象及其防治. 北京：金盾出版社,2008.

[14] 陆永跃,曾玲,王琳,许益镌,陈科伟. 警惕一种危险性绵粉蚧入侵中国. 环境昆虫学报.2008,30(4):386-387.

[15] 吕国强,等. 棉花蕾铃期害虫及其防治. 郑州：河南科学技术出版社,1997.

[16] 马存,戴小枫. 棉花病虫害防治彩色图说. 北京：中国农业出版社,1998.

[17] 马存. 棉花枯萎病与黄萎病的研究. 北京：中国农业出版社,2007.

[18] 苗春生,等. 棉花病虫草害防治及化控技术指南. 北京：中国科学技术出版社,1992.

[19] 全国农业技术推广服务中心. 中国植保手册——棉花病虫害防治分册. 北京：中国农业出版社,2007.

[20] 沈其益. 棉花病害基础研究与防治. 北京：科学出版社,1992.

[21] 王厚振,王福栋,刘淑英. 棉花病虫草害防治技术. 北京：中国农业出版社,2005.

［22］王金耀,等．棉花植保员培训教材．北京:金盾出版社,2008.

［23］王武刚,徐映明．棉田农药应用技术．北京:化学工业出版社,1999.

［24］王武刚,张慧英,郭予元．棉花虫害防治新技术．北京:金盾出版社,1991.

［25］王武刚．棉铃虫防治新技术．北京:中国农业科技出版社,1993.

［26］王艳平,武三安,张润志．入侵害虫扶桑绵粉蚧在中国的风险分析．昆虫知识,2009(1):101-106.

［27］武三安,张润志．威胁棉花生产的外来入侵新害虫——扶桑绵粉蚧．昆虫知识,2009(1):159-162.

［28］张惠珍．棉花病虫害防治实用技术．北京:金盾出版社,2008.

［29］中国农业科学院植物保护研究所棉花害虫研究组．棉花害虫的抗药性及其防治技术．北京:科学普及出版社,1993.

金盾版图书,科学实用,
通俗易懂,物美价廉,欢迎选购

食用菌制种技术　　　　　8.00元
食用菌引种与制种技术
　指导(南方本)　　　　　7.00元
食用菌园艺工培训教材　　9.00元
食用菌周年生产技术(修
　订版)　　　　　　　　10.00元
高温食用菌栽培技术　　　8.00元
食用菌栽培与加工(第
　二版)　　　　　　　　9.00元
食用菌优质高产栽培
　技术问答　　　　　　　16.00元
食用菌丰产增收疑难问
　题解答　　　　　　　　13.00元
食用菌科学栽培指南　　　26.00元
食用菌栽培手册(修订
　版)　　　　　　　　　19.50元
食用菌高效栽培教材　　　7.50元
食用菌设施生产技术
　100题　　　　　　　　8.00元
食用菌周年生产致富
　——河北唐县　　　　　7.00元
竹荪平菇金针菇猴头菌
　栽培技术问答(修订版)　7.50元
珍稀食用菌高产栽培　　　4.00元
珍稀菇菌栽培与加工　　　20.00元
草生菇栽培技术　　　　　6.50元
草生菌高效栽培技术
　问答　　　　　　　　　17.00元
木生菌高效栽培技术
　问答　　　　　　　　　14.00元
食用菌病虫害防治　　　　6.00元
食用菌病虫害诊断与
　防治原色图册　　　　　17.00元
食用菌病虫害诊断与

防治技术口诀　　　　　　13.00元
怎样提高蘑菇种植效益　　9.00元
蘑菇标准化生产技术　　　10.00元
新编蘑菇高产栽培与
　加工　　　　　　　　　11.00元
怎样提高香菇种植效益　　12.00元
香菇速生高产栽培新技
　术(第二次修订版)　　　13.00元
中国香菇栽培新技术　　　13.00元
香菇标准化生产技术　　　7.00元
灵芝与猴头菇高产栽培
　技术　　　　　　　　　5.00元
金针菇高产栽培技术
　(第2版)　　　　　　　9.00元
金针菇标准化生产技术　　7.00元
图说金针菇高效栽培关
　键技术　　　　　　　　8.50元
平菇标准化生产技术　　　7.00元
平菇高产栽培技术(修
　订版)　　　　　　　　7.50元
草菇高产栽培技术
　(第2版)　　　　　　　8.00元
草菇袋栽新技术　　　　　9.00元
姬菇规范化栽培致富——
　江西省抚州市罗针镇　　11.00元
榆耳栽培技术　　　　　　7.00元
花菇高产优质栽培及贮
　藏加工　　　　　　　　6.50元
怎样提高茶薪菇种植效
　益　　　　　　　　　　10.00元
蟹味菇栽培技术　　　　　11.00元
茶树菇栽培技术　　　　　13.00元
致富一乡的双孢蘑菇
　产业——福建省龙

海市角美镇　　　　　7.00元　　鸡腿菇高产栽培技术
白色双孢蘑菇栽培技术　　　　　　（第2版）　　　　19.00元
　（第2版）　　　　11.00元　图说鸡腿蘑高效栽培关
白灵菇人工栽培与加工　6.00元　　键技术　　　　　10.50元
白灵菇标准化生产技术　5.50元　图说食用菌制种关键技
白参菇栽培技术　　　　9.00元　　术　　　　　　　　9.00元
杏鲍菇栽培与加工　　　6.00元　图说灵芝高效栽培关键
姬松茸栽培技术　　　　6.50元　　技术　　　　　　10.50元
金福菇栽培技术　　　　5.50元　图说香菇花菇高效栽培
金耳人工栽培技术　　　8.00元　　关键技术　　　　10.00元
黑木耳与银耳代料栽培　　　　　图说双孢蘑菇高效栽培
　速生高产新技术　　　5.50元　　关键技术　　　　12.00元
中国黑木耳银耳代料栽　　　　　图说平菇高效栽培关键
　培与加工　　　　　17.00元　　技术　　　　　　15.00元
黑木耳与毛木耳高产栽　　　　　图说滑菇高效栽培关键
　培技术　　　　　　5.00元　　技术　　　　　　10.00元
图说黑木耳高效栽培关　　　　　滑菇标准化生产技术　6.00元
　键技术　　　　　16.00元　新编食用菌病虫害防治
黑木耳代料栽培致富　　　　　　技术　　　　　　5.50元
　——黑龙江省林口　　　　　15种名贵药用真菌栽培
　县林口镇　　　　10.00元　　实用技术　　　　8.00元
黑木耳标准化生产技术　7.00元　城郊农村如何发展蔬菜
图说毛木耳高效栽培关　　　　　业　　　　　　　6.50元
　键技术　　　　　10.50元　蔬菜规模化种植致富第
银耳产业化经营致富　　　　　　一村——山东省寿光
　——福建省古田县大　　　　　市三元朱村　　　10.00元
　桥镇　　　　　　12.00元　北方日光温室建造及配
鸡腿蘑标准化生产技术　8.00元　　套设施　　　　　8.00元

　　　以上图书由全国各地新华书店经销。凡向本社邮购图书或音像制品，可
通过邮局汇款，在汇单"附言"栏填写所购书目，邮购图书均可享受9折优惠。
购书30元（按打折后实款计算）以上的免收邮挂费，购书不足30元的按邮局
资费标准收取3元挂号费，邮寄费由我社承担。邮购地址：北京市丰台区晓
月中路29号，邮政编码：100072，联系人：金友，电话：（010）83210681、
83210682、83219215、83219217（传真）。